Face Art

페이스 아트

저자 약력

박 미 정

- 현) 오산대학교 뷰티디자인계열 겸임교수
- 건국대학교 디자인대학원 뷰티디자인 석사
- (사) 아시아페이스페인팅협회장
- 러브즈뷰티 바디아트 칼럼니스트
- Japan facepainting association 명예고문 및 심사위원

박 유 경

- 현) 호서대학교 문화복지상담 대학원 뷰티디자인과 외래교수
- 건국대학교 의류학 박사 재학
- (사)아시아페이스페인팅협회 수석부회장
- 화장품뷰티학회 상임이사

서 은 혜

- (현) 건국대학교 미래지식교육원 미용학과 교수
- 성신여자대학교 의류학 이학박사(메이크업사회심리 전공)
- 프랑스 파리 Ecole Maquillage Artistique de Christian Chauveau 졸업
- 한국화장품미용학회 이사

송 서 현

- 오산대학교 뷰티디자인계열 부교수

오 수 나

- 정화예술대학교 미용예술학과 조교수

Face
Art

들어가면서

사람은 누구나 자신들의 신체를 가꾸기 위해 반복적인 일상생활에서 매일 옷을 갈아입고 화장을 하고 얼굴을 꾸민다.

손톱이나 발톱에 색을 물들이는 번거로움을 감수하기도 하며 여름이 되면 신체 일부에 타투나 피어싱을 즐기는 사람들이 해마다 늘고 있고 있다.

이처럼 현대 사회에서 인체의 미를 나타내는 방법이 획일성이 아닌 독창적이고 개성이 돋보이는 형태로 발전되고 있는데 그 중 페이스페인팅은 미적 가치뿐만 아니라 정보를 전달하고 사회적 이슈를 공유하는 목적으로도 나타난다.

이러한 현상은 대중문화에서 유희적인 즐거움, 메시지 전달을 위한 상징적 표현 등 다양한 퍼포먼스를 통해 대중의 관심을 얻으며 일상생활에서도 쉽게 발견할 수 있게 되었다.

유럽의 경우 페이스페인팅은 많은 사람들이 즐기는 이벤트, 파티문화의 발달로 축제문화에서 빠지지 않는 중요한 문화로 자리매김을 하여 왔다.

이 외 신체미술 분야에서도 페이스페인팅의 발전된 모습들을 볼 수 있는데 창의적인 실험적 무대, 거리 퍼포먼스, 패션쇼 등 광범위하게 나타나고 있다.

우리나라에 페이스페인팅이 소개된 것은 1984년 소프라노 김홍희씨가 '키메라'라는 이름으로 오페라 아리아를 편곡하여 디지털앨범을 내면서 화려한 의상과 더불어 얼굴에 페이스페인팅을 한 것이 최초라고 할 수 있다.

Face Art

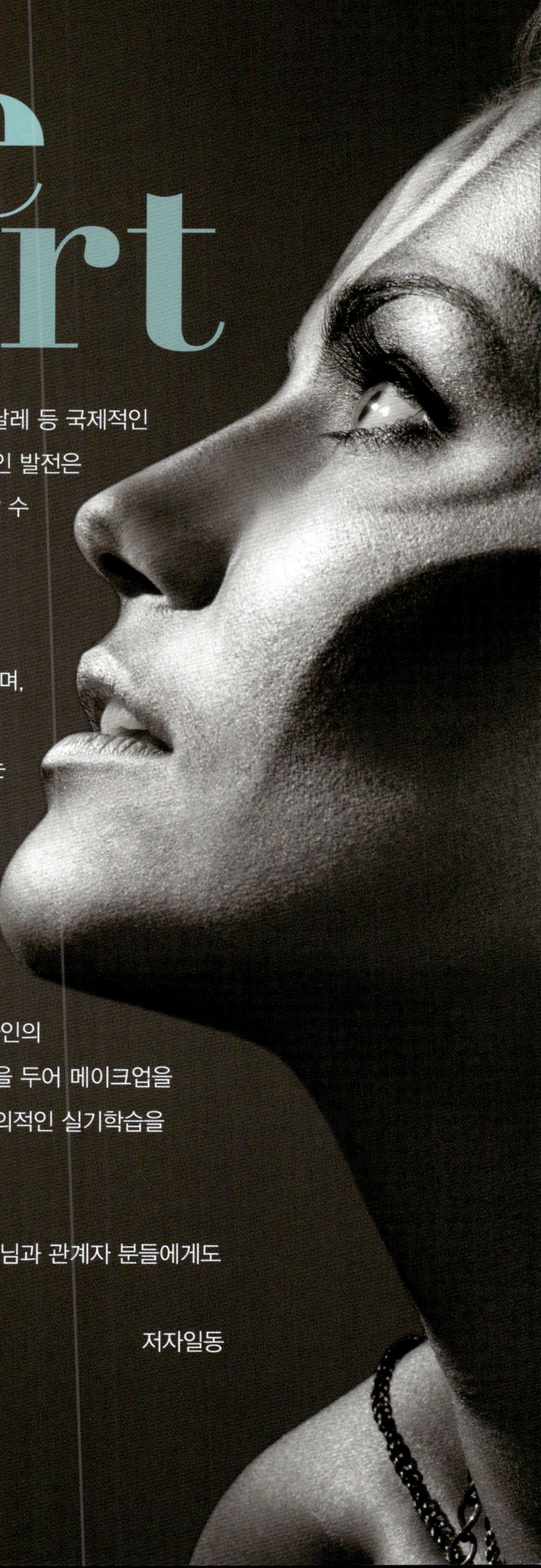

이후, 1993년 대전 엑스포를 비롯해서 광주 비엔날레 등 국제적인 행사에서 대중들에게 알려지기 시작했다. 본격적인 발전은 2002년 월드컵 경기를 기점으로 확산되었다고 할 수 있는데 이때 페이스페인팅은 우리 국민의 마음을 하나로 이어주는 중요한 역할을 하였다.

이후, 다양한 스포츠 문화로 확대되어 발전되었으며, 짧은 시간에 급격한 변화와 발전이 이루어진 것을 볼 수 있다. 현대에 이르러 페이스페인팅의 변화는 보편화된 대중문화예술로서의 범주 안에 속한 개념, 정의 및 기준이나 판단까지도 변화되길 요구하고 있다.

본 교과에서는 페이스페인팅의 개념과 발생 등 이론을 토대로 하여 유형별 특성을 살펴보고 디자인의 기본 요소인 시각적 조형요소와 표현방법에 중점을 두어 메이크업을 공부하고자 하는 학생들에게 보다 심층적이고 창의적인 실기학습을 전달하는데 목적이 있다.

아울러 도움을 주신 도서출판 구민사 조규백 사장님과 관계자 분들에게도 고마움을 전하고자 한다.

저자일동

Contents

I. 페이스페인팅 개요

II. 페이스페인팅 디자인

Face Art

I
페이스페인팅 개요

1. 페이스페인팅의 개념

페인팅의 개념은 화장이라는 아름다움을 표출하려는 욕구와 몸 전체의 치장에서부터 얼굴에 물감을 이용하여 칠하는 모든 행위를 말한다.
페이스페인팅(Face Painting)이란 '얼굴'(FACE)'에 '그리다'(PAINTING)를 합쳐놓은 말로 피부에 사용할 수 있는 물감을 이용해 얼굴에 그림을 그리는 작업을 일컫는다.

부위별로 신체의 굴곡과 곡선에 맞는 디자인을 하고자 하거나, 작은 부위에 그리는 그림에서부터 얼굴 전체에 페인팅하는 등 여러 방법들이 있다. 이외에도 다양한 주제, 도구에 따른 기법, 이벤트성 연출이 가능한 표현적 수단이라 할 수 있다.

페인팅의 형태에는 신체표현 범위에 따라 페이스페인팅과 바디페인팅이 있는데 페이스페인팅은 얼굴에 국한된 페인팅이고, 바디페인팅은 신체 전체를 이용하여 페인팅 한 것을 일컫는다. 현대에는 단순히 신체의 아름다움을 추구하는 작업에 그치지 않고 사회적 변화와 흐름에 따라 목적에 의한 다양한 방법으로 확대되는 것을 볼 수 있다. 그러므로 현대 페이스페인팅은 단순히 즐기고자 하는 표현수단과 타인에게 전달하고자 하는 의지의 표현수단, 개인과 집단을 알리고자 하는 홍보전달 메시지로 활용한 표현수단을 신체의 일부인 얼굴을 대상으로 미적가치를 형성하는 창조 활동의 의미가 조합되어 색상과 문양, 기호 등을 이용하여 미를 창조하고 표현하는 조형예술분야라 할 수 있다.

이와 같이 21세기에 표현된 페이스페인팅의 다양성이 새로운 형태의 표현과 미적실험을 거쳐 신체예술의 범주 안에서 새롭게 재조명 되고 있고, 컬렉션, 방송, 무대, 광고, 이벤트 분야 등 여러 분야에서 중요한 역할을 하고 있다.[1]

2. 페이스페인팅의 발생

페이스페인팅은 자신의 신체를 아름답게 꾸미고 타인에게 미적인 우월성을 드러내고 싶은 욕구와 자신이 가지고 있는 힘과 능력을 과시하고 싶은 트로피즘(trophyism), 타인에게 공포감과 위압감을 주고 싶은 테러리즘(terrorism), 장식과 위장을 통해 악을 물리치고 복을 비는 토테미즘(totemism), 신체의 한 부분을 의도적으로 강조하거나 페인팅을 하여 타인에게 매력을 과시하고 이성적 호기심을 끌게 하는 에로티시즘(eroticism)으로 분류[2] 한다.

부족 간의 문화와 시대의 변화에 맞게 벽화나 유물 등 원시미술에서도 쉽게 볼 수 있는 것을 감안할 때, 그 시기는 인류의 태동과 함께 시작되었다고 유추할 수 있다. 얼굴과 피부에 흙이나 광물에서 얻어진 점토라든가 식물에서 채취한 안료를 이용하여 신체를 아름답게 표현하고자 했으며 전쟁이나 사냥터에서 신체의 안전을 위해 동물의 깃털이나 나뭇잎으로 장식을 하고 얼굴과 몸에 치장을 한 모습들이 발전하여 현대에 이르러서는 다양한 기능을 수반하는 페이스페인팅으로 발전한 것을 볼 때 그 시대의 흐름과 사회상을 대변한다고 볼 수 있다.

최초의 페인팅은 몸을 보호하기 위한 일종의 위장(camouflage)에서부터 시작되었거나, 문신으로 성인이 되기 위한 성인의식 문화와 주술적 의미로 행해진 것이 시초라고 할 수 있다.[3] 고대인들의 생활상에서는 주로 공동체 생활로 신을 위한 제사의식에서 춤과 노래를 통해 자신이 속한 종족의 의식수준을 고취시키는 상징적인 표현으로 몸에 장식을 하였다. 또한 염료를 사용하여 페인팅을 하였으며 피부에 상처를 주고 문양을 새겨 넣는 행위로 좀 더 구체적이고 의식 있는 표현의 형태로 발전된 것을 볼 수 있다. 신을 향한 두려움과 숭배의식을 얼굴 위에 색을 입혀서 악령을 쫓아내고 집단적으로 노래와 춤을 추는 형식을 취한 모습과 자신의 신분이나 존재감을 감추려는 변장 혹은 위장의 수단이나 약점을 감추려는 노력을 하였는데 이때 사용한 것이 '탈'이라고 할 수 있다. 오늘날 '탈'의 형태는 마스크를 활용한 다양한 의미의 표현수단으로 나타나고 있고 탈의 사용 이외에도 페인팅을 하는 모든 행위는 현재의 축제나 행사에서 다양한 방법으로 나타나고 있다. 이와 같이 인류가 문화를 형성하면서 의식주 외에 여러 형태의 '미'를 위한 행위들이 존재하였으며 '미'에 대한 분류가 뚜렷하게 나타나지 않고 생존수단을 위한 형태가 인류문화가 발달되면서 자신의 미적 표현의 수단이나 필요에 의한 목적의 수단이 다양한 표현방법으로 표출되어 중요한 역할을 해오고 있다. 따라서 페이스페인팅은 인간의 공동체 생활이 시작된 시점부터 발생했다고 볼 수 있으며 현재까지도 여러 가지 목적과 표현적 수단으로 활용되고 있다.

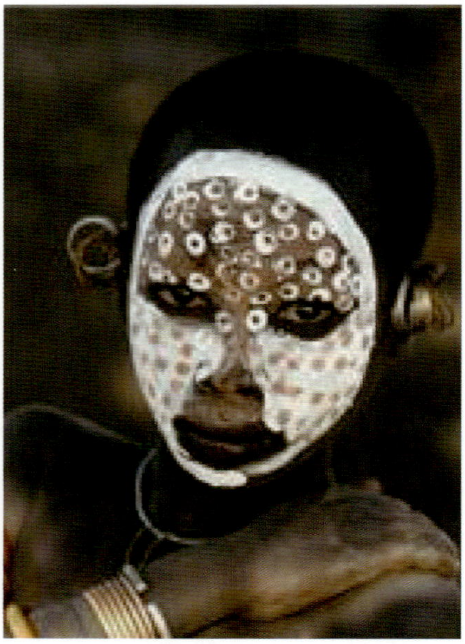

Face Art

현대에서의 페이스페인팅은 바디아트를 비롯한 다양한 장르에서 '여성미', '신체미', '일상의 미'를 주제로 삼아 다양한 미적 실험을 거쳐왔다. 현대인들은 자기만의 모습을 표현하고 개성을 드러내고자 하는 욕구를 보이거나 남과 다른 방식으로 차별화된 개성을 표현하려는 모습이 페이스페인팅의 목적과 같은 맥락이라 볼 수 있다. 단계적으로 변화된 모습들은 현재의 생활 속에서도 자신을 치장하여 남과 다른 방식으로 자신을 표현하고 더 나아가 개인 또는 집단의 목적을 전달하고자 하는 의지를 독특한 형식으로 표출시키고자 하는 행위를 페이스페인팅의 다양한 시도를 가져왔다고 할 수 있다.

3. 페이스페인팅 유형과 특성

(1) Cheek Art

얼굴부위 중에서 볼(cheek)에 그리는 기본적인 작업으로 어린이들에게 가장 인기가 높은 페이스페인팅의 대표적인 부위별 유형이라 할 수 있다. 많은 이들이 칙아트를 페이스페인팅이라 간주할 만큼 대중들에게 인기가 있다. 각종 행사와 놀이동산 혹은 어린이들을 대상으로 하는 모임에서 쉽게 찾아볼 수 있으며 성별이나 대상에 따라 좋아하는 칙아트의 디자인이 달라진다.

시중에서 쉽게 구매할 수 있는 페이스전용물감을 이용하여 원하는 문양을 포인트만 살려서 단순화시킨 문양이 주를 이룬다. 색상표현은 단색의 표현들이 많고 명시성이 높은 배색위주의 색상들이 많이 사용되었으며 빠른 시간에 그릴 수 있는 원포인트 기법의 브러쉬 테크닉이 많이 이용되었다.
대부분 칙아트를 즐기는 여자 어린이의 경우, 난색계열의 색상을 차용하여 꽃, 하트, 왕관 등 아기자기하고 화려한 색상의 글리터가 첨가된 칙아트 디자인을 대체적으로 선호한다.

반면에 남자 어린이의 경우, 한색계열의 차가운 색이나 어두운 색을 선호하며 거미, 용, 로봇, 트라이벌 문양 등을 좋아하며 우월한 남성성을 상징하는 해골, 칼, 악마 등 그로테스크한 디자인을 선호하는 것을 볼 수 있다.

칙아트에서 나타나는 표현적 특성을 요약해보면,

① 명시성이 높은 배색의 색상을 선호하며
② 주목성이 강한 단색위주의 표현들이 많고
③ 원 포인트, 터치, 백포인트 기법을 사용하여 손쉽게 그릴 수 있고
④ 액체물감을 이용하여 누구나 그릴 수 있다는 장점이 있고
⑤ 포인트를 살린 단순문양으로 그리는 순서를 정하여 빠른 시간에 그릴 수 있다는 것이다.

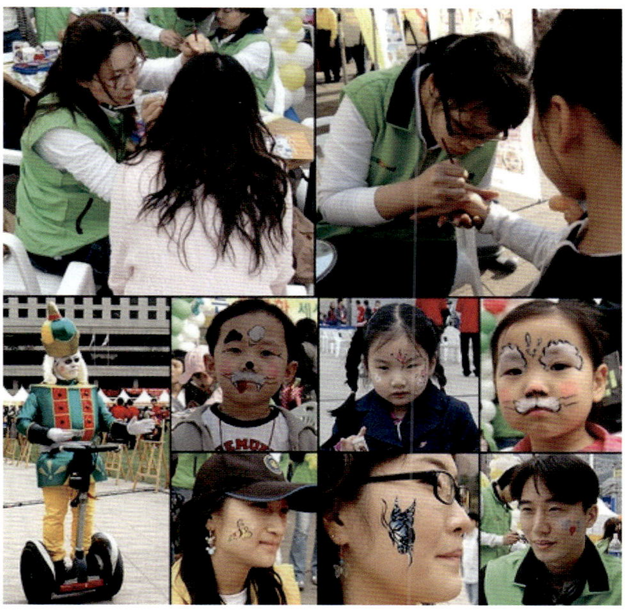

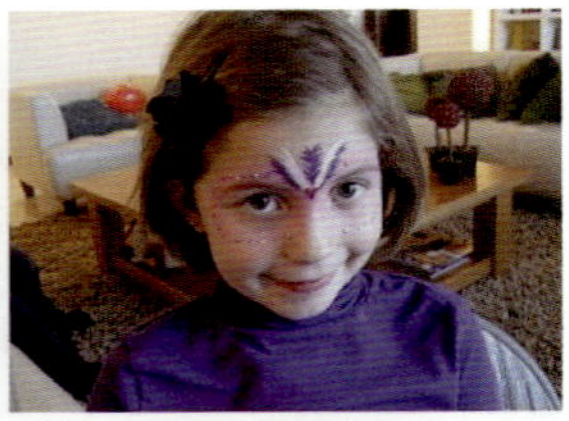

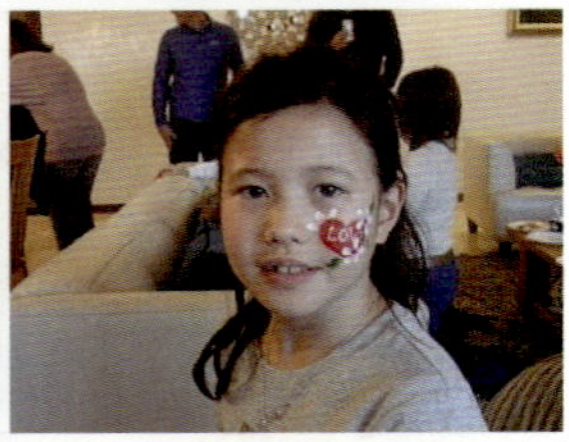

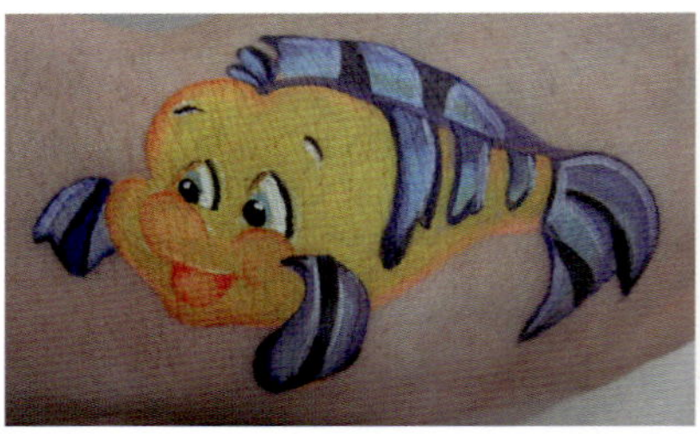

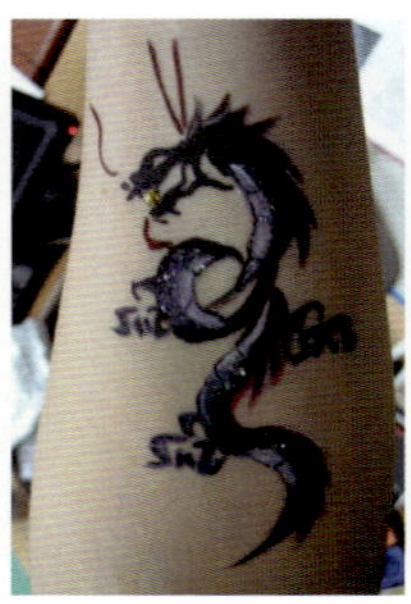

(2) Half Face

부위별로 페이스페인팅을 분류했을 때 볼에 그리는 작은 그림을 칙아트(cheek art)라고 한다면 하프페이스(half face)는 얼굴전체에서 상하 또는 좌우 대칭으로 반쪽 부분에 페인팅으로 표현한 것을 의미한다.

주로, 축제나 이벤트, 생일파티에서 목적과 필요에 따라 의도된 디자인을 얼굴에 채색하는 것을 말한다. 참여한 사람들을 대상으로 모임의 취지를 명확하게 하고 확대시키고자 할 때 주로 하프페이스를 이용한다.

특히, 축제나 행사시 부담 없이 즐길 수 있는 페인팅으로 전문적인 기술을 요구하지 않고 손쉽게 그릴 수 있으며 상대방을 그려 줄 수 있어서 많은 사람들이 쉽게 배우고 즐길 수 있다.

남자 어린이의 경우, 반 가면 형식의 페인팅을 좋아하고 주변에서 쉽게 볼 수 있는 영화나 만화의 주인공의 캐릭터를 선호하는 경향이 있고 여자 어린이의 경우, 백설공주나 신데렐라 등 공주의 이미지를 상징하는 왕관, 꽃화관이나 자신이 좋아하는 동물을 얼굴에 그려 마치 자신이 좋아하는 동물이 된 것처럼 감정이입이 되어 페인팅을 즐긴다.

성인들의 경우, 특별한 날이나 생일파티 혹은 동기가 부여된 같은 목적을 담은 모임에서 하프페이스를 즐긴다. 자신의 외모를 돋보이게 하기 위한 페인팅이나 참여한 사람들을 대상으로 공감대를 형성하여 모임의 취지를 확대하고 싶을 때 페인팅을 한다.

즉 소속감을 나타내는 문양이나 디자인을 얼굴 위에 페인팅을 하므로 함께 공유할 수 있는 꺼리를 제공받고 얼굴의 일부를 기호나 문자로 대신한 상징적인 메시지를 그려 넣어 그래피티적인 유형이 많고 얼굴의 일부를 과장하거나 강조하여 개인의 의사를 시각적인 효과로 보여주는 것이 하프페이스의 특징이라 할 수 있다.

하프페이스에서 나타나는 표현적 특성을 요약하면,

① 강렬하고 선명한 색상의 보색대비, 명도대비 색상을 선호하며

② 좌우 대칭을 고려한 데칼코마니 기법의 'eye'를 강조한 것이 특징이며

③ 브러쉬 형태의 특징을 이용한 스트록기법이 표현들이 많고

④ 문자나 기호를 상징화시킨 그래피티 형식의 문양이 특징이다.

① 남자 어린이들이 선호하는 하프페이스

② 여자 어린이들이 선호하는 하프페이스

③ 그래피티 유형의 하프페이스

(3) Full Face

페이스페인팅을 미술사적 범주로 보면, 행위예술, 신체미술, 신체장식 등으로 분류될 수 있는데 작가의 창작성, 작품성, 시각적 효과를 다양하게 표현할 수 있는 장르로 나눌 수 있다[4)]

페이스페인팅의 예술적 형태가 가장 잘 나타나는 장르가 바로 full face 페인팅이다. full face란 얼굴전체에 페인팅하는 하는 것을 말한다. 필요에 따라 작가가 의도한 형태를 다양한 칼라와 세밀한 선 작업, 그리고 오브제를 통해 예술적이며 창의적으로 표현이 가능한 장르라고 볼 수 있다.

다양한 색상의 큐빅이나 글리터 같은 오브제를 사용하여 콜라쥬 기법의 특징을 얼굴에 표현하기도 하고 액션페인팅과 드리핑기법과 같은 흩뿌리기, 튀기기 등 브러쉬테크닉의 방법들이 나타나기도 한다. 칙아트나 하프페이스와는 다르게 전문가의 손길을 요하는 작업이 많고 헤어, 의상과 함께 토탈 코디네이션 작품으로 연출되어 무대 위에서 퍼포먼스 형태로 3차원적인 입체적 표현들로 다양해졌다.

요즘 사회적으로 이슈된 내용들을 자신의 뜻을 보여주고 마음을 전달하는 행위를 얼굴에 페인팅을 통해 표현하고 메시지를 전달하는 것을 볼 수 있다. 또한 스포츠 행사에서는 빼놓을 수 없는 이벤트로 각자가 응원하는 나라의 국기를 얼굴 또는 몸에 페인팅을 하고 승리의 염원을 그리는 경우도 흔히 볼 수 있는 풍경이다. 전문가로써 인정받을 수 있는 기회를 페이스페인팅대회나 페스티벌을 통해 작품들을 선보이기도 하며 감성을 중심으로 표현하는 작업으로 해골을 표현하여 죽음과 공포에 대한 감정의 상태라든가 이상세계에 대한 무한한 상상력을 동원하여 작가가 표현하고자 하는 형태를 페인팅을 통해 대중들에게 알리거나 전시를 하는 사례들을 종종 볼 수 있다.

이와 같이 풀페이스의 다양함이 대중들에게 사랑받는 이유는 상징적 의미를 전달해주는 주목성이 강하고 다양한 색감의 디자인들이 주변에서 쉽게 볼 수 없는 작품으로 시각적 만족을 주기 때문이다.

풀 페이스에서 나타나는 표현적 특성을 요약하면
① 오브제를 이용한 '콜라쥬기법'이 많이 나타나며
② 작품의 본질을 구체화시키기 위한 '데포르마송'의 회화적 기법이 표현되었으며
③ 기하학적이고 추상적인 표현을 위해 '드리핑'기법이 사용되었고
④ 다양한 그라데이션과 스텐실기법을 이용한 에어브러쉬 작품이 특징이라고 할 수 있다.

① **무대컨셉에 의한 풀페이스**

극중 컨셉에 맞는 디자인을 얼굴위에 그리는 형식으로 발레, 뮤지컬, 연극 등 캐릭터를 살린 과장된 디자인을 얼굴에 표현하는 형식을 말한다.

② 이벤트에서의 풀페이스

각종 이벤트나 클럽, 할로윈 파티 등 여러 사람이 같은 목적을 가지고 모인 곳에서 필요로 하는 디자인을 얼굴 위에 그리는 형식을 말한다.

③ **아트에서의 풀페이스**

작가가 의도하는 다양한 표현들을 화려한 색채와 오브제를 이용하여 예술적 형태의 작품으로 승화시키는 것을 말한다.

④ **스포츠행사에서의 풀페이스**

월드컵뿐만 아니라 모든 스포츠행사에 빼놓을 수 없는 응원의 메시지를 얼굴 위에 표현하는 형식을 말한다.

(4) Art Mask

'마스크'라는 단어는 라틴어로 maska(마술사, 마귀) 또는 mascus(유령)의 뜻으로 '유령처럼 보이는 얼굴'이라는 의미[5]를 가지고 있다.

마스크의 의미는 시대에 따라 상징하는 의미가 다르다고 볼 수 있다.

이집트시대에는 제의와 마법에서 가면이 중요한 역할을 했을 것으로 보여지며 이집트인들은 귀족들의 미이라에 가면을 씌었고 그리스에서는 의식과 제사의 도구로 사용되었으며 이후 로마시대에는 가면이 희극이나 비극 등의 연극이나 무용의 분장도구로 중요한 역할을 해왔다.

또한, 고대사회에서 가면의 의미는 변신을 위한 축제성의 기능을 가졌지만 17~18세기에와서는 무언가를 감추는 행위와 비밀을 간직하고자 하는 의지의 위장 또는 자신을 속이는 또 다른 가짜얼굴로 마스크가 사용되었으며 현재에도 이런 특징은 틀과 형식에 얽매이지 않는 자유롭고 매우 다양한 모습으로 발전되어 왔다. 주술적이며 제의적인 성격이 두드러진 종교의식의 기능보다 대중문화예술 방면에서 접목되어 예술적인 면이 강조되기도 했다.

'변장' 혹은 '속임수'의 기능보다는 독창적인 예술적인 면이 부각된 상징적인 축제나 행사에서 마스크의 발전된 형태를 볼 수 있다. 창작자의 창의적인 생각과 다양한 표현방법을 통해 추상적인 이념과 작가의 세계를 표현한다. 자유 의지와 인간에게 잠재되어 있는 무의식의 세계를 또 다른 차원의 세계로 작가의 감성과 창의적이고 독창적인 표현으로 마스크를 전시하거나 퍼포먼스의 형태로 대중들에게 알리고 있다.

① 국내 마스크

국내에서 손꼽을 수 있는 대표적인 마스크축제로 발전 계승되어지고 있는 안동하회탈축제와 북청사자놀이를 들 수 있다.

눈가는 굵은 주름으로 만들고 튀어나온 광대뼈를 도드라지게 표현하였으며 턱 부분은 대사를 전달하기 위한 편리성을 도모하여 끈으로 고정시킨 후 흔들리게 제작하였고 표면에는 종이를 바르고 채색하여 등장인물의 역할과 내면의 허탈감, 외형의 상징성을 조각기술로 표현하였다는 점이다.

하회가면은 경북 안동(하회마을)에서 행해지는 안동별신굿에서 사용되어지며 주된 내용은 하류층 서민들의 애환과 설움을 달래기 위한 의식으로 만들어졌으며 안동하회탈축제의 특징은 매우 해학적이다.

해마다 정월대보름날과 4월 8일에 평상제는 동제 또는 제사라고 불리며 별신굿 같은 경우 약 500년 전부터 10년 마다 한번씩 정월 대보름날 또는 특별한 일이 있을 때 서낭신에게 복을 비는 기복신앙에서 시작되었으며 굿과 함께 서낭신을 즐겁게 하기 위한 종교의식차원에서 탈놀이가 행해지면서 본격적으로 탈문화가 정착이 되었다. 등장인물로 주지승, 각시, 중, 양반, 선비, 초랭이, 이매, 부네, 백정, 할미가 있으며 파계승과 양반에 대한 신랄한 비판과 해학이 담겨있는 축제의 형태로 변화되었다.

북청사자놀이는 함경남도 북청군 전체지역에서 유래되었으며 그중 북청읍의 사자계, 가회면의 학계, 구양천면의 영양계의 사자놀음이 가장 유명하다. 해마다 정월 대보름에 마을마다 사자를 꾸민 후 각 처에서 읍내로 모두 모여 행사를 하다보니

자연스럽게 사자탈끼리 경연이 만들어졌다. 사자놀이의 주된 목적은 벽사진경에 있으며 백수의 왕인 사자가 모든 잡귀를 내쫓으며 악귀를 물리친다는 믿음을 가졌고 동리의 무사안일과 복을 비는 형태로 자리를 잡았다. 집집마다 복을 빌어주고 댓가로 받은 전곡은 동리의 공공사업이나 빈민구제 등 사회복지에 기여하는 형태로 발전하였다.

[안동 하회탈]

각시탈

부네가면

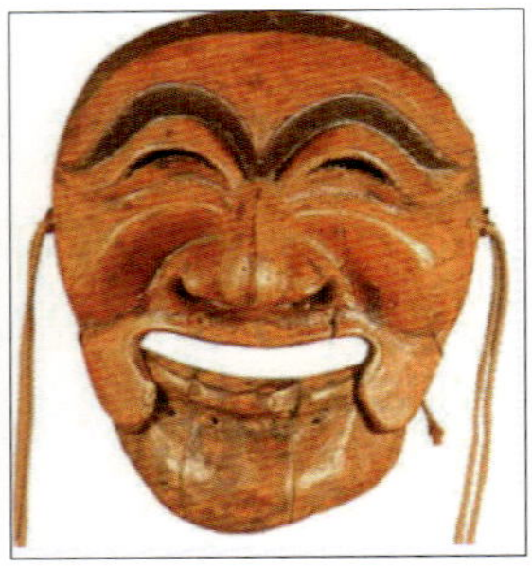

양반탈

[북청사자놀이]

사자탈

꼽추

노승

② 국외 마스크

세계 최고의 축제 중에 축제로 자리 잡고 있는 베니스 가면축제이다. 기원설을 보면 육지에서 외적이 침입하여 신부들을 납치해간다고 하여 베니스의 남자들이 여자행색을 하기 위해 가면을 사용하고 신부들을 찾아 왔다는 데에서 찾아 볼 수 있으며 이를 기념하기 위해 가면축제가 시작되었다고 한다.

두 번째 가설은 매우 종교적인 특징이 두드러지게 나타나는 가설로써 기독교에서는 매년마다 부활절 40일 전부터 사순절이 시작되는데 이 기간 동안 예수님의 고행을 생각하며 고기를 먹지 않는 것에서 시작하여 축제라는 의미에 카르네발레는 사순절기간에 축제가 시작되며 단식과 금욕을 시작하기 전 즐겁게 놀자는 취지에서 기원했다는 설이다. 카르네발레는 원래 가장행렬, 또는 가면축제였다고 한다. 가면을 즐겨 사용하게된 것은 전통적으로 가면을 착용하는 풍습이 있는데 중세 시대에 들어서면서 귀족놀이를 위한 서민들의 큰 축제로 자리 잡았다. 베네치아는 천년동안 공화제의 의회가 구성이 되었으며 공동체의 중요성을 매우 강조하던 시기로 신분사회의 병폐를 줄이고자 공동체이익을 중요시하며 축제기간동안 신분을 벗어버리고 가면을 사용함으로써 신분의 높고 낮음의 구분에서 벗어나자는 취지가 축제의 의의라고 볼 수 있다.

현재 베네치아 가면축제는 아퀼레이아에게 승리한 날을 기념하기 위한 경축행사와 스포츠문화, 공중곡예, 전시회 등이 산마르코 광장에서 펼쳐지고 있고 베네치아의 옛날가면과 의상 그리고 현재의 가면과 의상 등을 통해 과거와 현재가 만나는 발달사를 한눈에 볼 수 있다는 점이다.

③ 아트 마스크

현대에서 보이는 아트마스크도 큰 변화와 발전이 있었다.
아트마스크를 재해석하는 의미에는 아트(ART)와 마스크(MASK)가 합쳐져 마스크위에 작가의 생각과 의지가 표현되어지는 예술행위를 의미하며, 현대사에 비춰진 아트마스크의 개념은 주술적이거나 제사의식에서의 의미보다는 축제나 공연문화에 접목되어 사용되고 있으며 뷰티디자인을 전공하는 학생들의 경진대회 또는 작품 활동전시를 통해 아트마스크 작품을 볼 수 있다. 졸업작품전시회나 대회에서 보이는 아트마스크의 제작과정을 살펴보면, 1) 주제 정하기, 2) 이미지 맵핑 작업하기, 3) 일러스트 그리기, 4) 재료선정하기, 5) 마스크와 배경판에 그림을 그리거나 오브제 사용하여 붙이기이다.

조형적인 느낌을 위해 2차원적인 형태의 꼴라쥬 기법과 작품의 표현성을 넓히고 채색을 통해 완성도를 높이는 작업과 3차원적 형태의 조형예술의 입체감을 확실하게 살려 작가의 내면세계 및 창의적인 작업의 예술형태의 다양한 시도의 아트마스크들을 한 눈에 볼 수 있다.

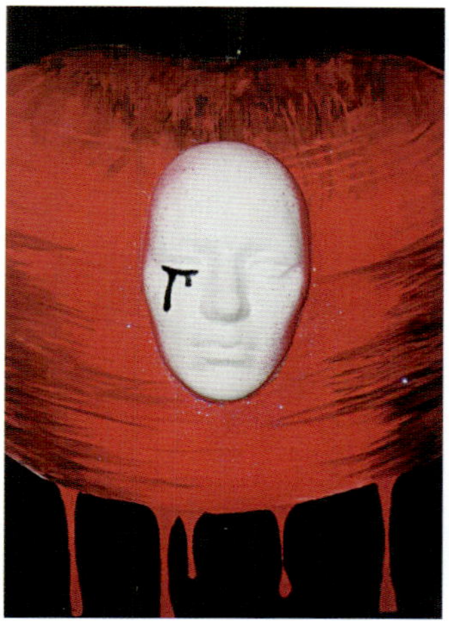

4. 페이스페인팅의 전개

(1) 축제에서의 페이스페인팅

축제란 예술적 요소가 포함된 말로 축(祝)과 제(祭)가 포함된 문화적 현상으로 개인적인 차원에서의 축제는 '질 높은 정신적 삶'에 대한 추구가 우선이 되고 사회적 차원에서 축제란 시대의 사회적 현상을 반영하며 흐름에 의해 산업사회의 시대정신과 감각에 맞는 축제로 발전적 형태[6]로 나타나고 있다.

인간본성을 중시한 이성적이며 합리적이고 유희적인 놀이형태의 축제가 유럽을 비롯해서 전 세계의 각 도시마다 다양한 축제들이 열리고 있다.

나라마다 축제를 즐기기 위한 준비과정으로 누구에게 잘 보이기 위함이 아닌 '나' 자신이 주체가 되어 주위를 의식하지 않는 자유분방한 사고가 페이스페인팅을 축제문화로 정착시키는데 기여했다고 볼 수 있다.

Face Art

매년 10월 말이면 할로윈축제가 지구촌 곳곳에서 시작된다. 서울의 이태원 거리축제를 비롯하여 대학가앞 클럽, 유명한 놀이동산 등 유동인구가 많은 곳이면 어디서든 쉽게 볼 수 있는 풍경 중 하나가 바로 할로윈축제이다.
죽음과 관련된 유령, 마녀, 요정, 해골분장을 하고 모든 성인의 대축일을 맞아 찬양하는 축제로 페이스페인팅을 즐기면서 대중들에게 페이스페인팅의 진수를 보여줄 수 있는 축제라고 해도 과언이 아니다.

표현적 특성은 그로테스크적인 표현에서부터 추상적인 표현에 이르기까지 다양한 표현들이 특징적이며, 과장된 헤어, 의상, 오브제가 연출된 토탈 코디네이션 연출력이 돋보인다. 또한 공통된 테마별, 주제에 따라 페인팅 작품들이 다양하게 나타나고 있다.

1. 유럽의 할로윈 분장

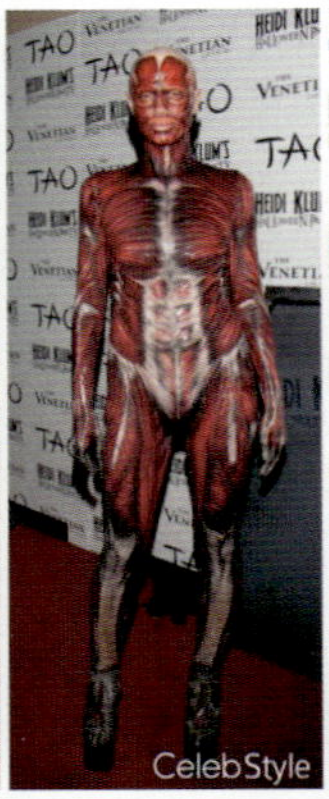

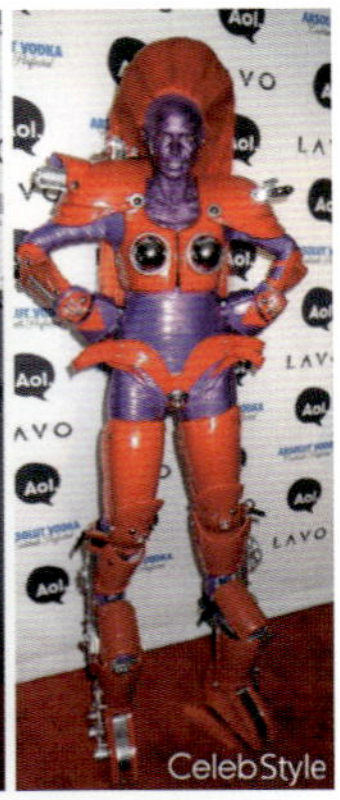

2. 아시아의 할로윈 분장

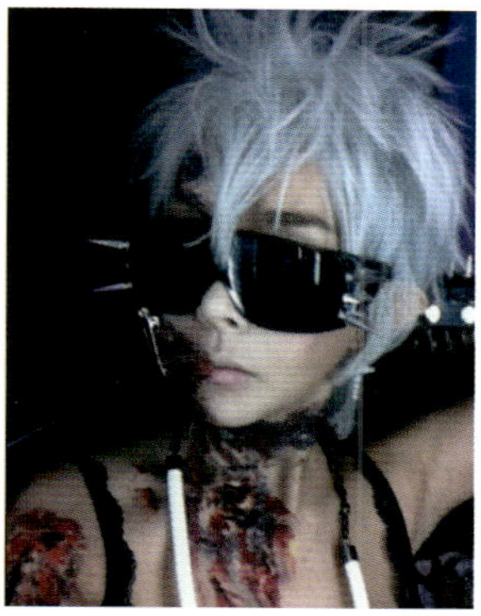

(2) 스포츠문화에서의 페이스페인팅

스포츠 문화에서 보이는 페이스페인팅은 남성 스포츠팬들이 지지하는 팀의 색을 얼굴 위에 그리는 행위로 현대사회에서 신체 화장의 진보라고 할 수 있다. 월드컵 경기 이후 응원객들이 참여자 얼굴에 색을 칠하고 그려주는 행위자체가 보편화 되었으며 주로 사용하였던 페이스페인팅의 문양은 응원국가의 국기나 축구공 무늬이다. 이러한 문양과 색상차용은 경기의 열기를 더하고 축구에 대한 일반인의 관심을 고조시키는 역할을 하였다. 2002년 월드컵은 우리나라의 전 국민이 동참하였던 대형 행사로 페이스페인팅을 대중화 시킨 직접적인 계기가 되었다고 볼 수 있다.

스포츠문화에서 나타나는 페이스페인팅의 표현적 특성은 명시성이 높은 단색의 색상이 돋보이는 페인팅과, 사물의 형태를 사실적으로 표현한 작품들이 많으며, 경기에서 사용되는 다양한 도구나 나라별 국기의 독특한 문양의 페인팅들이 특징적으로 나타나고 있다. 나라를 대표하는 국기의 색이 주는 상징적 의미는 대중에게 공통적인 특성과 연상된 색의 의미가 일반화 되었을 때 상징적 의미를 갖게 한다.

Face Art

USA
USA

ALL THE REDS
THE REDS
ALL THE REDS
ALL THE REDS
SPN

(3) 광고에서의 페이스페인팅

20세기의 사회를 대변하는 미디어의 한 형태이다. 대중과의 소통이라 할 만큼 많은 사람들에게 공감을 주는 내용을 감동이라는 그릇에 담는 형태로 대중과의 소통을 위한 전달매체[7]라고 할 수 있다. 홍보하고자 하는 광고를 다양한 방법들을 동원하여 표현함에 있어 대중의 공감대를 형성시키고 감성을 자극하여 인상적인 광고를 만들어내는데 페이스페인팅이 중요한 역할을 하고 있다.

현대에서 보이는 광고의 유형에는 혼합적인 소구형식의 광고가 많다. 그중에서 페이스페인팅과 상품의 정보를 대중이 공감할 수 있는 내용으로 표현시킨 혼합형 광고가 있는데 얼굴과 인체를 표현적 재료로 사용하는 사례가 늘고 있다. 얼굴에 문자나 기호를 그려 넣어 언어대신 메시지를 전달하는 창의적인 광고로 활용하였다.

광고에서 나타나는 페이스페인팅의 표현적 특성은 명시성이 높은 단색에서부터 형광색에 이르기까지 다양한 색상들이 나타나고, 전달하고자 하는 내용을 기호나 문자, 브랜드를 직접적 회화 표현기법으로 하는 것이 특징이다.

휘슬러 광고

엡손 광고

신인가수 주노의 앨범자켓

보아의 뮤직비디오

(4) 컬렉션에서의 페이스페인팅

초창기의 컬렉션에서 보이는 페이스페인팅 유형은 일반적인 화장의 개념으로 시작했으나 최근에는 컬렉션의 형태가 감각적인 이미지 전달을 위해서 다양하고 독특한 패턴의 페이스페인팅을 선보이고 있다.

세계적인 패션쇼인 오뜨꾸뛰르, 프레타포르테, 도쿄 컬렉션 그리고 서울 컬렉션에서 접할 수 있는데 이러한 현상은 페이스페인팅이 컬렉션에서도 접목과 응용이 가능한 분야로 인정받고 있음을 확인시켜 주고 있다.[8] 틀에 박힌 형식을 피하고 관객을 참여시키며 즉흥성을 동원하여 실험적이고 퍼포먼스가 포함된 방법으로 표현하고 있다. 얼굴을 캔버스 삼아 과장되거나 왜곡된 표현과 매우 해학적이며 즐거움을 주는 유희적인 표현, 작가의 예술적 표현이 창의적이고 독특한 형식이 페이스페인팅의 새로운 방법을 제시하였다.[9] 컬렉션에서 새로움을 추구하고 전위적인 실험적 요소를 도입한 디자이너들이 혁신적인 스타일과 자신의 가치관을 패션으로 표현하는 형태로 보여주었는데 대표적인 디자이너로는 알렉산더 맥퀸, 마틴 마르지엘라, 레이 가와쿠보, 존 갈리아노, 장 폴 고티에나 등 그 외에도 많은 디자이너들이 있다.[10] 새로움을 추구하는 대중의 관심이 독창적인 발상으로 재현된 파괴적인 디자인, 다양한 형태로의 표현 방법의 요구에 따라 페이스페인팅도 패션과 함께 새로운 형태로 변화되고 있다.

5. 디자인 사조

(1) 아르누보 *Art-Nouveau*

아르누보(Art-Nouveau)란, 1900년을 전후로 하여 프랑스 파리를 중심으로 유럽의 전통 예술에 반발하여 일어난 신예술 운동으로서, 당시 미술계의 풍조를 배경으로 발전하였던 예술풍조이다. '새로운 미술'이란 뜻으로 심미주의와 곡선의 장식적 가치를 강조하고 도시 디자인, 광고, 건축, 조각 회화, 가구, 가정용품, 특히 현재는 아트메이크업 디자인에 많이 응용되고 있다.

아르누보는 19세기 말에서 20세기 초에 성행했던 유럽의 건축양식으로 산업이 급속히 발달하자 기계에 의한 대량생산으로 인해 제품 외관의 예술성이 결여되어 갔으며 이에 반발하여 기마르와 같은 사람들이 새로운 표현양식을 창조하려는데서 비롯되었다.

아르누보(Art-Nouveau)의 곡선은 물결치듯, 음악적으로 율동하듯 흐르고 있으며 타오르는 듯 섬세하며 주의를 환기시키는 힘을 지닌 상징적인 선으로 표현되었는데, 대칭에 의한 균형보다는 비대칭으로 균형을 추구한다.

식물지향의 비대칭적인 곡선을 주 모티브로 하는 '유기적 아르누보'와 직선 형태를 위주로 단순화된 기하학적 패턴을 지향하는 '기하학적 아르누보'로 구분된다.

아르누보의 뚜렷한 장식적 특징은 파동적, 비대칭적인 곡선이며 흔히 꽃줄기, 봉오리, 포도넝굴손, 곤충의 날개 등 미묘하고 구불한 자연물의 모양을 하고 있다.
현대 메이크업에서는 장식적 이미지로서 아름다운 물결모양의 곡선무늬, 섬세한 디테일의 아르누보 양식이 많이 차용되고 있다.

(2) 아르데코 *Art-Deco*

아르데코(Art-Deco)란, 1920~30년대 장식미술인 아르데코라티프(art-decoteratif)의 약칭이며, 흐르는 듯한 곡선을 즐겨썼던 아르누보(Art-Nouveau)와는 대조적으로, 공업적 생산방식을 미술과 결합시킨 기능적이고 고전적인 직선미를 추구하였다. 기본 형태의 반복, 동심원, 지그재그 등 기하학적인 것에 대한 취향이 두드러졌다.

아르데코(Art-Deco) 양식은 큐비즘에서 이끌어낸 기하학적 형태가 두드러진 특징으로 꽃이나 동물, 인간의 형체를 모티브로 한 기하학적 형태를 갖는다.

주로 쓰인 소재는 오리엔탈리즘의 영향으로 중국, 일본, 페르시아 풍이 애호되었고 아메리칸 인디안이나 이집트 문화 혹은 자연 등이 이용되었다. 특정 모티브로는 여성 누드형상들, 동물군에서 주로 사슴이나 양, 식물의 무성함, 태양광선, 뾰족탑 등의 양식화된 형태들이 있다.

현대 아트메이크업에서는 기본형태 반복, 동심원, 지그재그 등 기하학 등 아르데코 양식 디자인을 모티브로 활용한다.

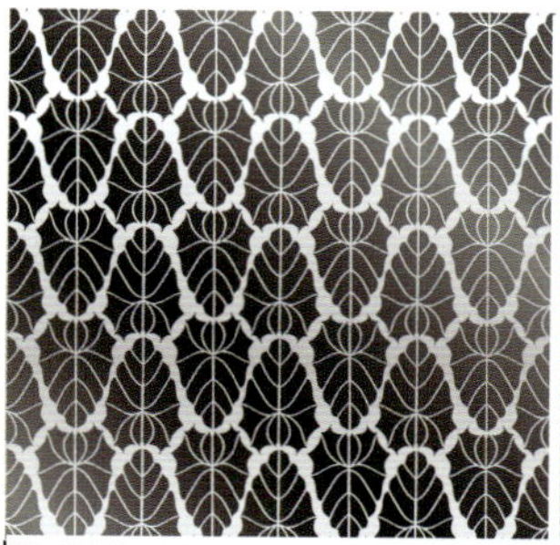

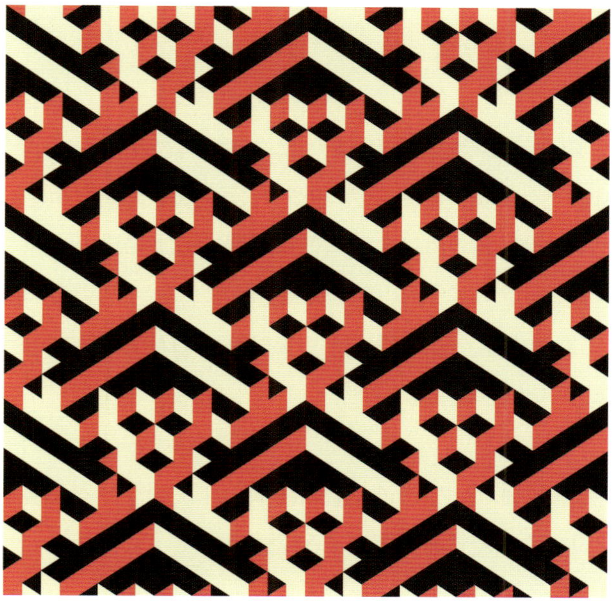

(3) 팝아트 *Pop Art*

팝아트(Pop Art)는 1950년대 미국에서 추상표현주의에 대한 반발로 생겨나, 일상생활에서 흔히 볼 수 있는 대상의 대중적 이미지를 적극적으로 사용함으로써 고급미술과 저급미술의 경계를 사라지게 하였다.

1945년 영국의 미술평론가 로렌스 알로웨이가 처음 그 용어를 사용하였으며, 대중예술을 가리키기 위한 편리한 명칭이었으나, 1962년 알로웨이가 의미를 확대, 팝아트는 대중적인 이미지를 순수미술의 문맥 안에서 사용하고자 하는 미술가들의 활동을 가리키는 명칭이 되었다.

팝아트는 이미지의 대중화, 형상의 복제, 표현 기법의 보편화에 의해 예술을 개인적인 것에서 대중적인 것으로 개방시켰으며, 광고, 상표, 만화, 영화 등 대중적 이미지를 시각적인 재현으로 대중의 이미지를 받아들이는 현대 인간의 감수성을 의식화한 것이라고 할 수 있다.

팝아트 작가 중 가장 유명한 앤디워홀(1928년, 미국)은 마릴린 먼로 등 대중문화의 스타나 저명인사를 캔버스에 실크스크린 판화기법을 통해 얼굴을 똑같은 이미지로 기계의 힘을 빌려 반복, 배열하여 임의적인 색채를 가미함으로써 순수 고급예술의 엘리티시즘을 공격하고 예술의 미를 애매모호하게 만드는 일련의 작품을 발표하였다. 주위에서 흔히 볼 수 있는 주제를 반복하여 산업사회에서 상실된 자아의 정체성을 표현한 것이라 해석된다.

현대 아트메이크업에서는 반전과 같은 유머와, 밝고 선명한 색채를 특징으로 하는 팝아트를 모티브로 디자인에 응용하고 있다.

Face Art

(4) 야수파 *Fauvisme*

야수파(Fauvisme)는 20세기 초 프랑스의 한 전시회 이름이 '맹수'라고 한데서 유래한 혁신적 회화운동으로서, 1989년 마티스에 의해 시작되었다. 인상주의의 빛에 의한 명암법을 거부하고, 굵은 붓터치의 독립성, 단순함, 그리고 생명력있는 원색의 가치를 추구하였으며, 강렬한 색채와 비현실적인 소재묘사가 특징이며, 순색을 사용하고 빨강, 노랑, 초록, 파랑 등 원색을 거칠고 대담하게 사용하면서 화폭에 자율성을 부여하여 색채 그 자체의 표현을 강조하며 직접적 대비를 이용해 화려함을 강조하였다. 대표적인 화가는 앙리마티스, 앙드레 드랭 등이다.

야수파(Fauvisme)란 용어는 비평가 1905년 루이복셀이 살로 도톤느에 출품되었던 마르케의 15세기풍 청동 조각을 가리켜 마치 야수의 우리 속에 갇혀있는 도나텔로 같다고 평한데서 유래되었다고 한다.

(5) 키치 *Kitsch*

키치(Kitsch)는 정크아트 즉, 쓰레기 미술이라 일컬으며 자본주의의 욕구가 낳은 산물로 볼 수 있다. 19세기 중엽 화가들을 중심으로 널리 통용된 이 속어는 골동품과 골동품 수집 및 애호 등 한마디로 벼룩시장류와 관련되는 일체의 골동취미를 지칭한다.

인간의 감성과 정신을 포함한 일체의 존재를 물화하려는(物化) 인간의 본성과 즉각적인 소비, 재빠른 노화(老化)를 특징으로 한다.

1950년대 팝아트의 등장으로 키치에 대한 인식은 복잡하게 되어 팝아트의 작품을 통해 그 전에 저속하다고 치부되었던 작품들이 통속미술의 낮은 위상을 충분히 인지하고 있던 사람들에 의해 옹호의 평을 듣게 되었다. 이런 키치에 대한 옹호적 태도는 통속미술과 고급미술간의 구별을 모호하게 만드는 태도는 모더니즘이 퇴조하고 포스트모더니즘이 등장하는데 결정적인 실마리가 되었다.

현대의 키치적 메이크업은 현란하고 화려한 색채와 외양은 소비성향과 소유욕구에 즉각적으로 어필할 수 있는 감각적 메커니즘에 의존하고 있다.

FREE ENTRANCE
ENJOY
1PM-7PM
EVERYDAY
2012
life is beautiful

(6) 그로테스크 *Grotesque*

그로테스크(Grotesque)는 '괴기한 것, 극도로 부자연스러운 것, 흉측하고 우스꽝스러운 것' 등을 형용하는 말로서, 사람, 꽃, 과일 등을 포함하는 아라베스크 무늬를 말한다. 주로 음악, 미술, 그림, 춤 등의 분야에서 활용되고 있다.

15세기 말 고대 로마의 폐허가 발굴되었을 때 지하에 파묻혔던 건축물 볼트가 마치 동굴과 흡사하였는데 그 벽모양은 덩굴식물인 아라베스크에 공상의 생물, 괴상한 인간의 상, 꽃, 과일, 촛대 등 복잡하게 결합시킨 것으로 그 괴이함이 사람들의 흥미를 끌어 그로테스키라는 일종의 괴기 취미의 유행이 발생되었다.

20세기 그로테스크적 현상은 1차 세계 대전 후 사회불안, 계급대립, 기계문명의 압력, 경제적 궁핍 등 상황 속에서 폭발하여 전통적 미학과 도덕을 파괴하고 새로운 인간주체를 회복하려 한다.
그로테스크(Grotesque)의 특징인 환상적인 것과 공상적인 것, 현실과 비현실의 의식적인 뒤얽히는 이질화와, 익살맞은 풍자나 천박스러운 우스개와 같은 유쾌한 것이나, 끔찍스러운 면을 강조하거나 괴기, 신비, 심지어 초자연적인 것의 영역으로 불쾌를 그 특징으로 하여 현대 메이크업에서도 많이 활용되고 있다.

Face Art

6. 페이스페인팅의 구성요소

(1) 시각적 조형요소

조형이란, 다양한 표현방법으로 어느 관념적으로의 형체를 만들어내는 것을 뜻하며, 어떤 물질을 빌려 이것에 필요한 형태를 부여하는 행위[11]를 말한다. 인체 얼굴에 표현하고자 하는 아티스트의 제작의도, 기획에 따라 점, 선 면, 색채로 표현하는 입체적 조형예술이라고 할 수 있다.

뷰티디자인의 요소로 부합시켜 형태 안에 속하는 점, 선, 면과 색채, 재질로 분류하여 페이스페인팅에 나타난 조형적 특성에 대해 알아보자.

1) 형태 *(form)*

형태는 작품의 시각구성을 나타내는 말[12]로써 형태를 이루는 점, 선, 면으로 분류할 수 있는데 이러한 개념요소는 불가시적(不可視的)이므로 이것이 우리 눈으로 보일 때 비로소 형태가 되는 것이다. 2차원적인 의미로는 "shape"이라고도 하며, 평면적인 형태를 뜻하는 의미로 3차원적인 "form"으로 입체적인 덩어리 형상을 의미하는 말로 쓰인다.[13] 따라서, 페이스페인팅의 디자인 요소로 작용하는 것을 점, 선, 면과 색채 그리고 재질이라고 할 수있다.

① 점(point)

점(point)은 가장 간결한 형태로 거의 존재하지 않는 것과 같은 최소한의 형태를 나타낸다.[14]

점이란, 형식을 가진 소재들 중에서 하나의 구상적인 형태를 만들어 내며 실제 조형상으로는 크기, 형태, 색채를 의미한다. 점의 기능은 대체로 위치성과 의미성, 그리고 조형성 등으로 분류되는데 그중에서도 위치성은 점, 선, 면의 기본 개념에 입각한 기능이며, 의미성은 형태적 특성에 의미를 부여하는 커뮤니케이션을 위한 도구로서의 기능을 한다. 페이스페인팅은 신체부위 중에서 얼굴을 중심으로 계획된 의도에 의한 표현적 형태를 갖는다.

② **선**(line)

선(line)은 역동적인 움직임의 결과이며 방향, 방위, 운동감 등의 에너지를 뜻하며 시각적 표현의 다양한 조형요소들 중에서 가장 결정적인 역할을 담당한다.[15)]조형요소로서의 선은 종류가 다양하지만 일반적으로 직선과 곡선으로 분류할 수 있다. 직선에는 수직선과 수평선으로 나눌 수 있으며 수직선은 높이를 강조한 것으로 고상함, 숭고함, 엄격한 권위 등을 나타내는데 비하여 수평선은 평화, 정숙, 안정의 느낌이 나타난다. 반면, 곡선은 직선과는 달리 부드럽고 율동감이 있는 이미지를 가지고 있다. 선에 대한 느낌을 페이스페인팅에 대입했을 경우, 조형적인 선의 느낌은 얼굴과 헤어를 연장선상에서 볼 수 있는데 매우 역동적이며 전투적인 느낌을 가져다주고 예술적 측면에서 볼 때에 형태가 주는 다각적인 느낌이 나타난다.

페이스페인팅에서 선은 중요한 시각적 요소로서 한 개인에게 자기 자신의 의도를 드러내는데 쓰인다. 페이스페인팅을 조형예술로 볼 때 선은 예술의 여러 요소 중에서 인간에게 가장 친숙하고 다양한 감정을 표현할 수 있는 수단이자 그 자체이기 때문에 예술가들은 내면세계를 표현하는데 사용하며[16)] 추상적인 형태의 선은 다양한 표현의 주체가 될 수 있다. 페이스페인팅에서 선은 어떤 느낌이나 표현성을 가지고 있기 때문에 인간의 감정, 생각, 느낌을 느낄 수 있게 표현적 도구로써의 역할을 한다.

③ 면(plane)

면(plane)은 물질적인 평면을 뜻하며 점의 확대, 선의 이동이나 폭의 확대 등에 의해서 성립되고 넓이를 갖게 되는 2차원적인 세계이다.[17] 점과 선에서 느낄 수 없는 원근감과 질감을 나타내며 공간감이나 입체감도 나타낼 수 있고[18] 면이 주는 느낌은 부드러움, 딱딱함, 방향성을 나타낸다. 이처럼 면은 점과 선의 위치를 말하여 입체의 개념으로 바꾸어주는 종합적인 시각전달 기능의 역할을 한다고 볼 수 있다. 페이스페인팅에서의 면은 면 분할을 통해 3차원적인 입체감을 주어 조화를 이루도록 하는 요소이다. 종이 위에 채색된 그림처럼 보이기 위한 착시현상을 표현할 수 있고 수직, 수평선의 면 구성은 좌 · 우 대칭과 색의 대비를 강조시킬 때 사용하기도 한다.

2) 색채(color)

색채(color)는 시각예술에 있어서 절대적인 표현의 수단이며 인간은 다양한 색채 구별능력을 통해 자신의 내면세계를 표현해 왔고 색채는 형태와 일치하거나 변화되어 발전되어 왔다.[19] 조형예술의 기본 형태는 시각예술에서부터 시작한다.

색채에서 빨강, 노랑, 주황 같은 난색 계열 톤은 정열적이고 활동적이며 명랑, 희망, 기쁨 등의 감정의 표현을 나타낼 때 쓰이고, 중성색계열은 조용하고 평범하며 젊음, 우아함을 나타내는데 쓰인다. 초록, 파랑색 같은 한색 계열 톤은 가라앉음과 지성을 나타내며 불만, 우울, 신비, 슬픔, 등의 감정으로 표현한다. 흰색, 회색, 검정색과 같은 채도로 이루어진 무채색 계열 같은 경우는 순수, 겸손, 침묵 등으로 표현된다.

색은 다양한 이미지가 연상되고 색이 상징하는 의미는 크다. 색감에서 그치는 것이 아니라 대표적인 상징이나 기호로서의 역할도 하게 된다. 색은 의식세계에서는 기호로 볼 수 있지만 무의식세계를 포함한 총체적인 의미에서는 상징이 된다.[20)]

페이스페인팅에서도 색은 다양하게 표현되는데 입체감 있는 얼굴에 골격을 살려 채색을 하면 색이 주는 느낌과 표현, 조형적 토탈기능으로 시각적인 효과를 나타낼 수 있다. 얼굴전체를 흰색으로 페인팅 하여 물감의 여러 색을 흩뿌려주면 활동적이며 역동적인 느낌이 나고 형식에 구애받지 않은 자유로움을 표현할 수 있다. 얼굴의 골격을 살려 얼굴의 이목구비에 색을 입혀 더욱 또렷하게 할 수 있으며 나라별 국기의 상징적 색으로까지 범위를 확대해 나갈 수 있다.

(2) 조형적 표현활동

표현능력은 '자신이 나타내고자 하는 대상을 만들 수 있는 힘', 즉 '내면의 세계를 가시적인 형태로 표현해 내는 능력'을 말한다. 또한, 형이상학을 가시화시키고 만질 수 있도록 구체화시키며 정신을 물질화시키는 능력을 말한다. 이런 표현능력은 조형 감각재료와 매체용구 등의 물질을 다루는 능력 조형감각이나 미의식을 가시적으로 나타내는 표현기능을 포괄한다.[21)]

페이스페인팅에서 표현활동은 재현적, 적응적, 사실적인 표현으로 나타난다.

1) 재현적 표현

자연과 사물의 형태를 조형적 표현의 수단으로 삼았던 인간은 고대 그리스 이래 조각적 표현에서는 미의 기준으로서 인체를 주제로 삼으며 인간의 이상화로써 표현하여 왔다. 그것은 미적표현에서 나타난 질서성과 이상을 구체화시켜 물(物)의 실재로 재현하는 것을 말한다. 사물을 관찰하고 캐논(cannon)에 입각한 명암을 고려하여 정확한 소묘에 의해 재현되는데 이는 표현하는 사람이 자연과 사물의 본질을 파악하고 연구하여 작품을 기술력을 동원하여 표현하고 실재화되는 것을 의미한다.

2) 적응적 표현

생활 속에서 쉽게 접할 수 있는 형태의 조형을 추구하는 계획적인 표현법이라 말할 수 있다. 생활에서 보이는 형의 창조이며 우연적인 발견에서 적응성을 찾아내는 일로써 작가가 자신만을 위한 사물의 형태나 생활 속에서 얻어지는 오브제의 도움을 받아 원하는 형태가 이루어진다는 것은 대단히 만족감이 클 것이다. 생활 주변의 것들을 모티브로 수정하고 조합하면서 사물의 형태를 인정하고 반응하여 현대에 와서는 빠른 변화에 맞춰 성장하여 왔다. 직능화된 디자인은 적응성을 발전시키고 조합시켜서 개성적인 생활을 실현하는 것은 적응적 표현의 바른 의미이다. 각자가 가지고 있는 개성과 모든 단계의 발달에 따라 적응성에 대한 사고는 각기 다르다. 그것은 디자인의 사상이나 방법론으로 기술, 소재, 형에 따라 달라진다.

그러나 그의 대한 기본 이념은 개인의 생활을 만족시키며 적응적 표현이란, 인간의 생활목적에 적응하는 형태의 조형을 추구하는 계획을 말한다. 거기에는 인간생활의 목적이 어느 정도 반응하고 변용되어 현대에는 물론 앞으로 얼마만큼 변화되어 가는 계통적인 것을 생각하지 않으면 안 된다. 자기가 만들고 신변 주위의 것을 개량하여 조합, 사용하기도 하고 그 디자인을 기능인에게 의뢰해서 제작된 것이 나오고 있다.

이것은 생활에 적응하는 형의 창조이며 동시에 눈앞에 있는 적응성을 우연 속에서 발견하고 있는 것이다. 단순한 기능이나 기계가 흉내낼 수 없는 자기 자신만을 위한 적응적 형태가 이루어진다는 만족감은 대단히 크다.

직능화된 디자인에 있어서 조직적으로 계획하여 만든 적응형태는 대량으로 산출되어 많은 사람들에게 사용된다. 예상했던 적응성을 훨씬 뛰어 넘어서 사용되는 경우도 있다. 적응성을 발전시키고 많은 것을 조합시켜서 개성적 생활을 실현하는 것은 적응적 표현의 참다운 의미이다. 개인이 만드는 것에서부터 기계에 의한 대량생산에 의한 것까지의 하나부터 수 만에서 수십 만이라고 할 수 있는 모든 단계에 따라서 적응성에 대한 사고는 각기 틀리다. 그것은 디자인의 사상이나 방법론으로서 기술, 소재, 형에 따라서 다양하게 전개된다. 그러나 그 기본은 각 개인의 생활을 만족시키며 인간에게 삶에 대한 즐거움을 제공해야 한다[22]는 전제가 있어야 한다.

즉, 개인의 개성적 표현을 위한 삶의 질과 인류와 자연을 위한 본질을 잃지 않는다는 전체가 결국 적응적 형태라 볼 수 있다. 적응적 형태는 인간의 진정한 행복을 실현할 수 있다는 문화로서의 해답이 요구되며 문화에서 필연성이 포함된 적응적 형태를 창조하는 것이 디자인의 본질이다.

3) 사실적 표현

조형 활동을 하는 예술가들은 자신의 욕구와 의지를 표현하는 창작활동을 통하여 삶의 의미를 찾기도 한다. '표현'이란 "내면적 심상을 시각적으로 다양한 재료를 이용하여 표출시키는 행위"라 정의할 수 있다.[23]

조형예술이 표현하고자 하는 대상을 정밀한 묘사로 표현하지 않아도 된다는 전제로 표현의 대상은 조형 활동의 수단에 불과하다. 그것은 다른 의미로 작가의 표현하는 방법에 따라 사물의 형태를 변형 혹은 일부를 강조하는 표현 또한 반영이 가능하다는 것을 의미한다.

파울클레도 "진정한 예술가는 사물의 외양에 집착하지 않는다"[24] 라고 그의 견해에서 알 수 있듯이 조형의 대상이 반드시 사실적 묘사로 표현할 필요는 없으며 다만, 사물의 형상을 통해 자신의 내적 세계를 표현하는 것이 본질이라는 것이다. 작가는 표현하고자 하는 대상을 자연에서 소재를 찾고 각자의 표현적 방법에 따라 재구성한다.

대상을 바라보는 인간의 심상에 따라 이미지를 변화시키고 재구성하여 작가의 의도와 함께 표현된다.[25] 대상을 변화시켜 본인의 내적의도를 반영하며 경험한 감정을 직접 표현하기 보다는 감정의 본질에 대한 자기의 이해를 표현하는 것이다.

따라서 표현하고자 하는 대상의 영역의 범위를 확대시킬 필요가 있다. 우수한 작품을 위해서는 우리 삶에서 실제적 표현을 위한 사실적인 표현이 미에 대한 조화를 얻는데서 이루어져야 할 것이다.

Face Art

II

페이스페인팅 디자인

1. 실기연습

(1) 기초과정 연습

1) 브러쉬 테크닉 표현기법

① 점(도트) 기법

소, 중, 대점을 모양크기를 조절해서 찍어본다.
ex) 동물의 눈, 꽃심, 작은 꽃잎, 잠자리 몸통

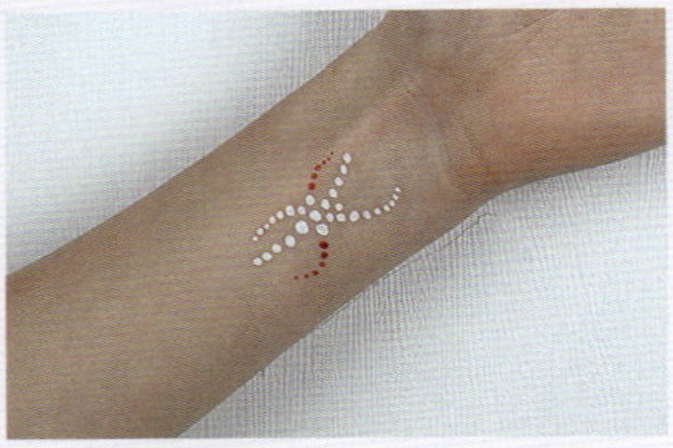

② 찍기기법

소, 중, 대로 크기를 조절해서 붓면을 그대로 눕혀서 찍어본다.
ex) 꽃잎, 잠자리, 나비날개, 잎사귀

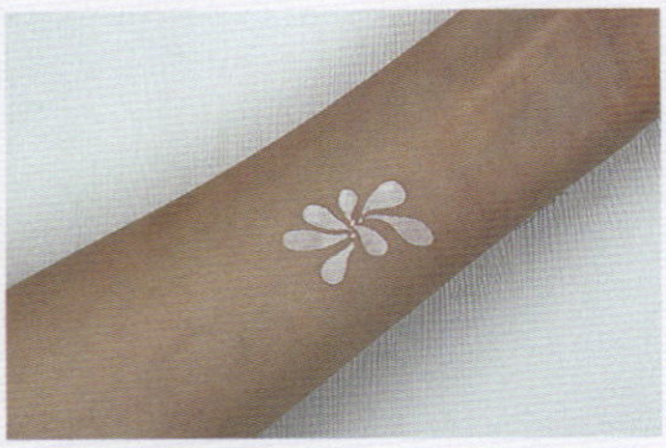

③ 가로, 세로, 선그리기 기법

일정한 힘을 가해서 처음부터 끝까지 가로나 세로로 균일한 선을 그어 본다.
ex) 완성된 그림의 바깥라인, 해바라기, 선물박스

④ 곡선그리기 기법

붓끝의 힘 조절에 의해 굵은선과 가는선을 곡선으로 그려준다.

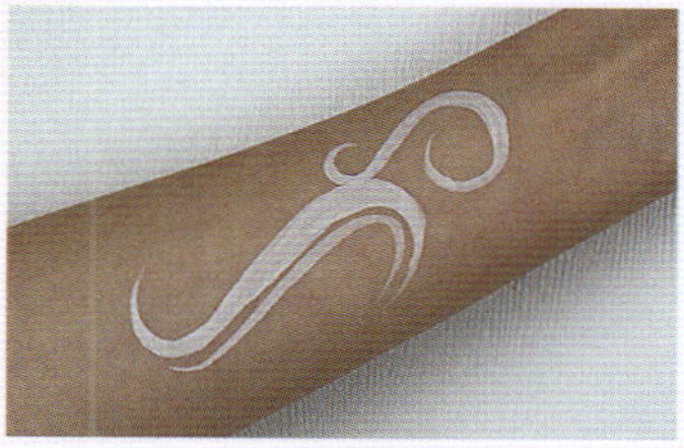

⑤ 커브기법

C자의 형태를 세필붓을 이용하여 곡선과 직선을 그려준다.

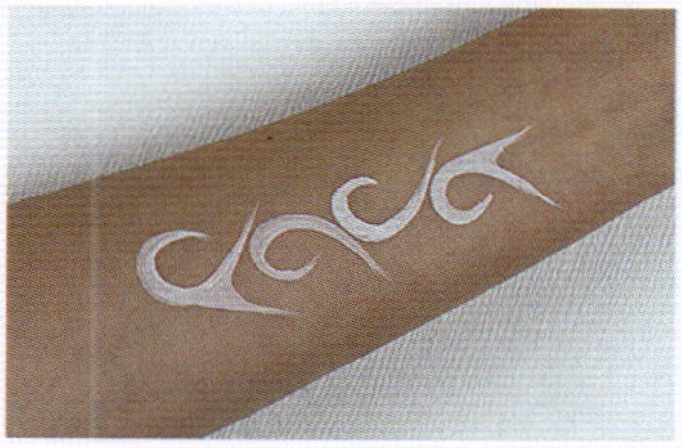

2) 브러쉬 표현기법을 이용한 칙아트 연습

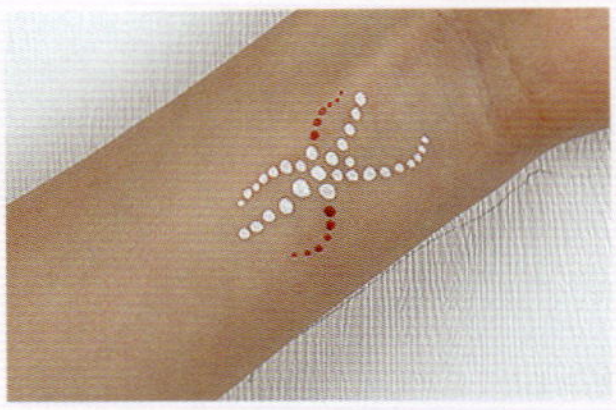

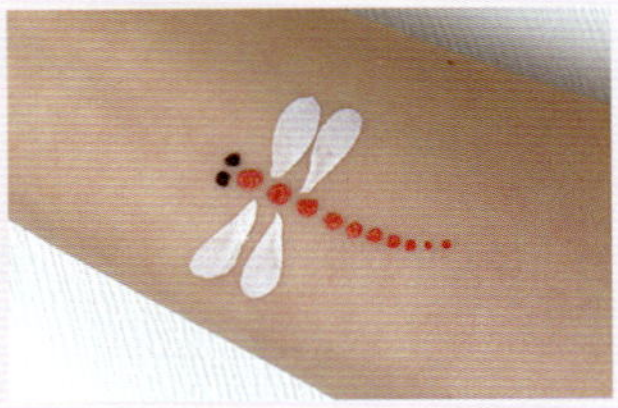

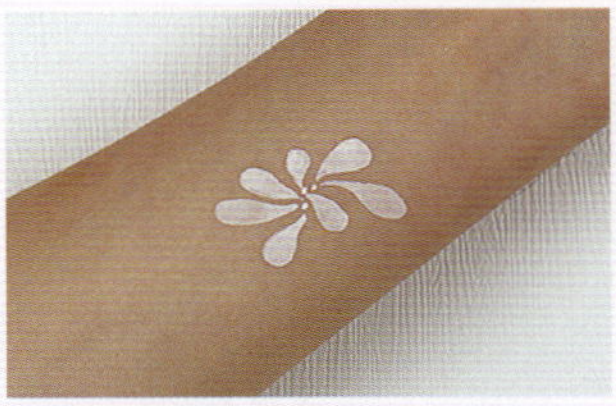

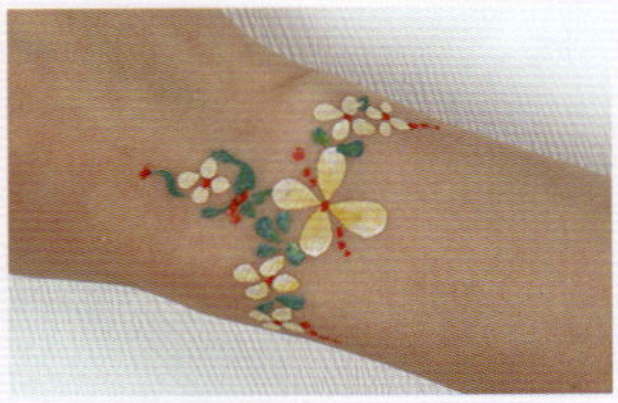

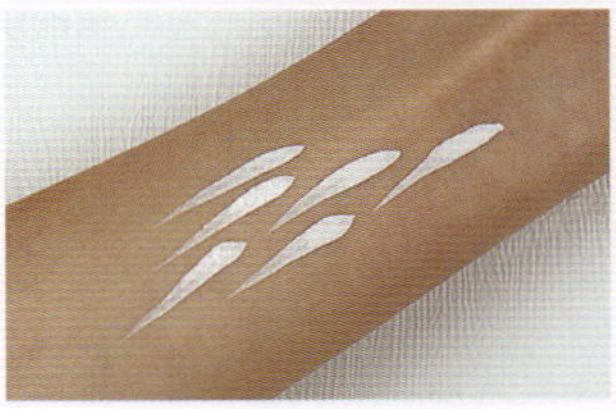

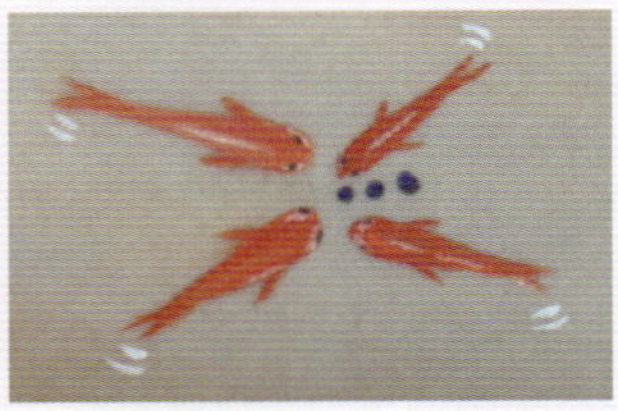

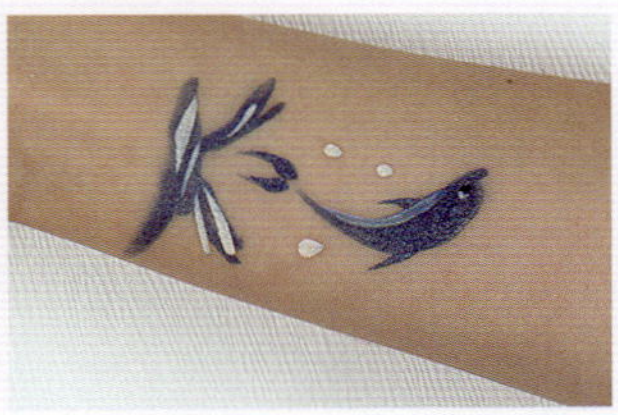

(2) 유형별 연습

1) cheek art 연습

① 잠자리

완성

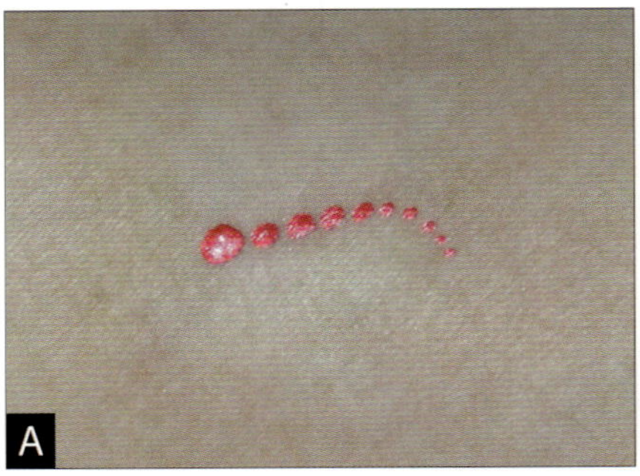

A

B

② 꽃시계

완성

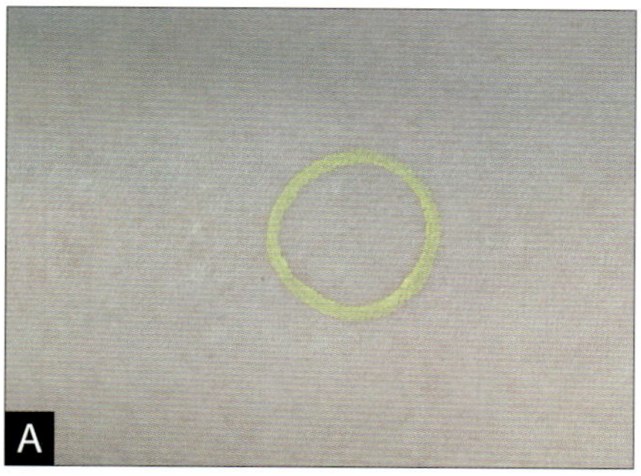

A

B

C

③ 돌고래

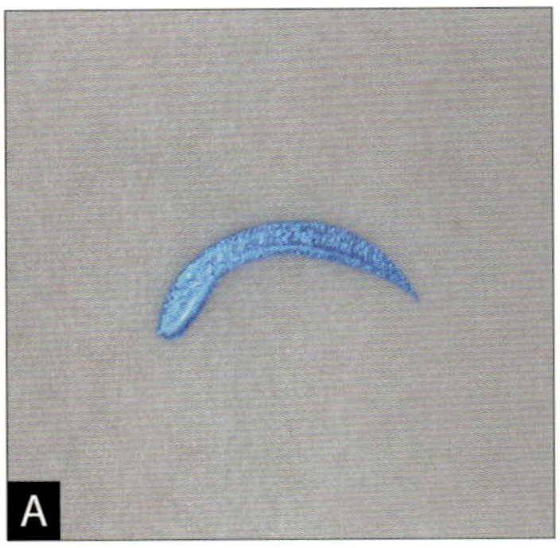

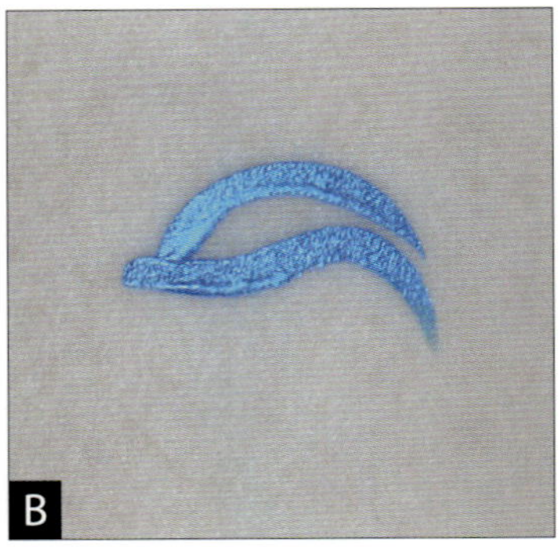

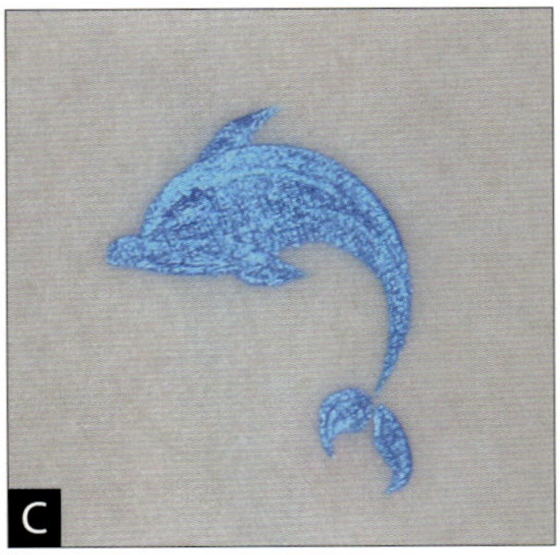

2) half face 연습

완성

A

B

3) full face 연습

완성

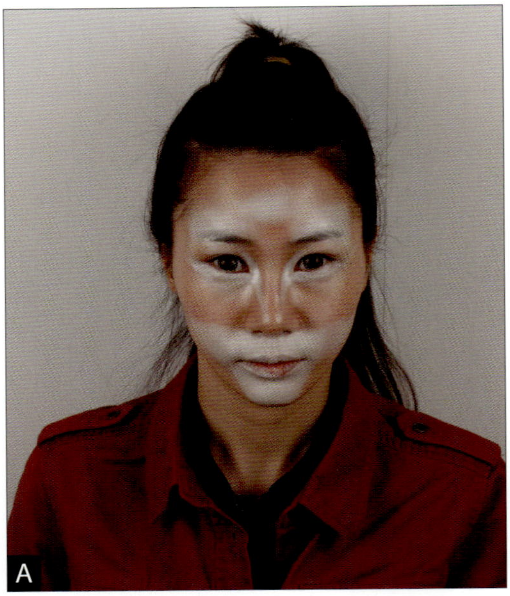

4) art mask 연습

(3) 응용 및 창작

1) 페이스아트 따라하기

완성

① 일러스트 작업

② 베이스와 얼굴디자인의 구도잡기

③ 컬러링, 콘트라스트 작업

[연습하기]

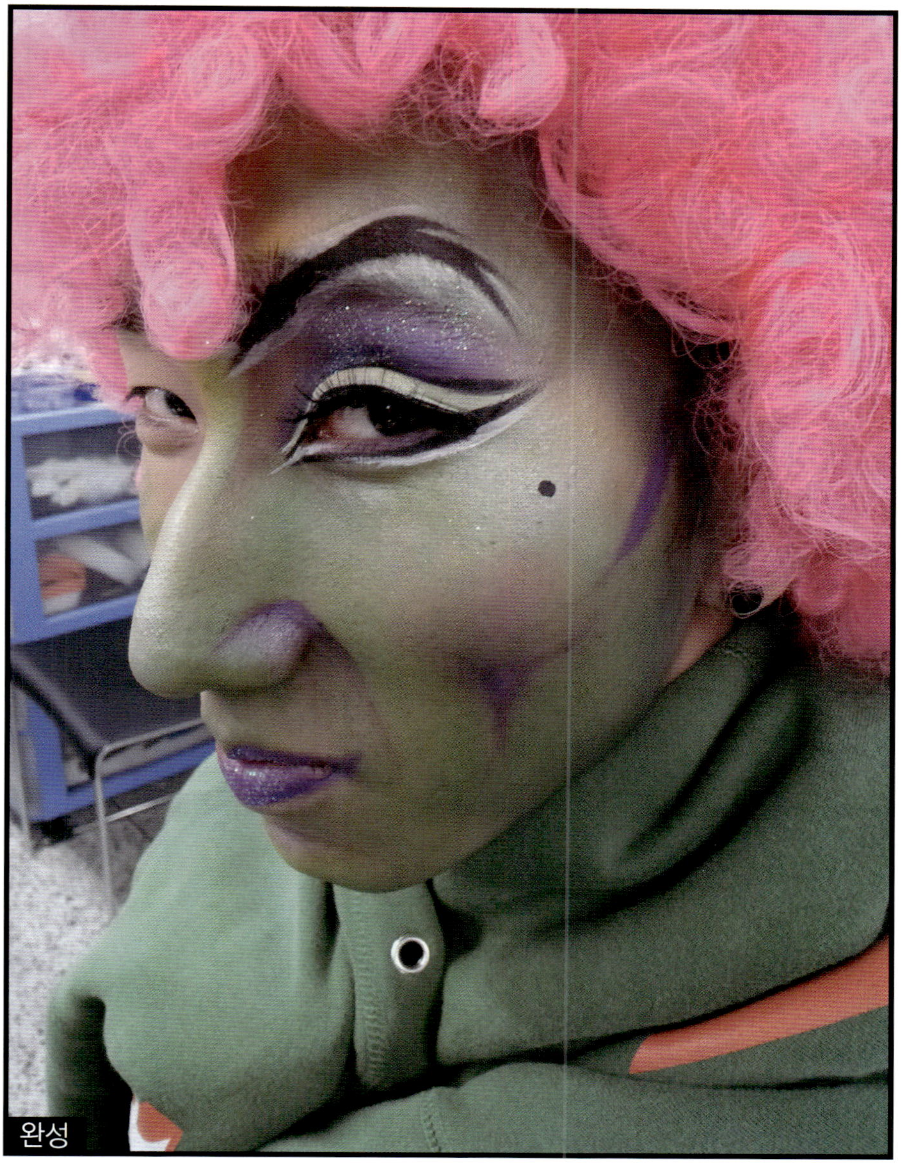

완성

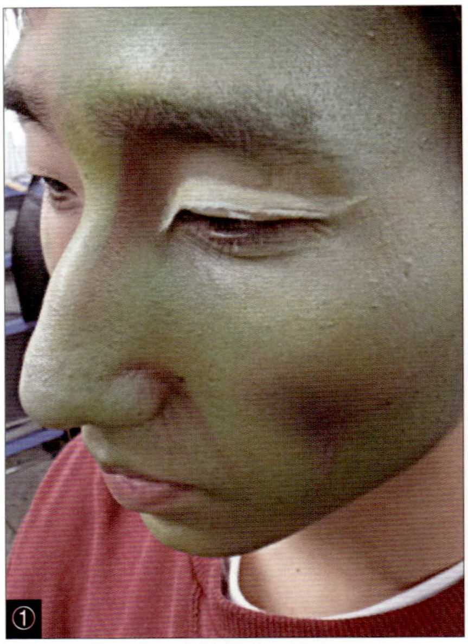
①

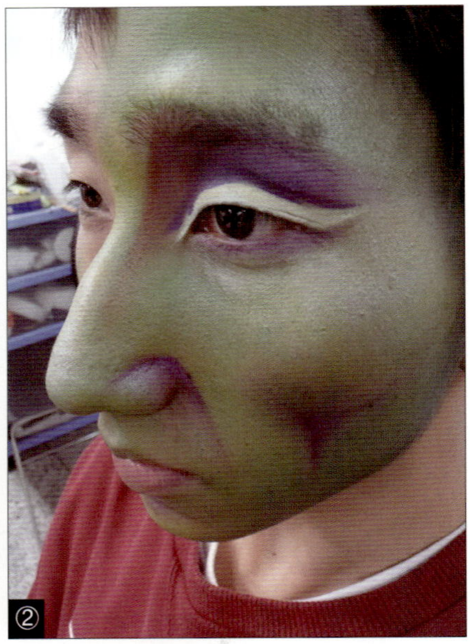
②

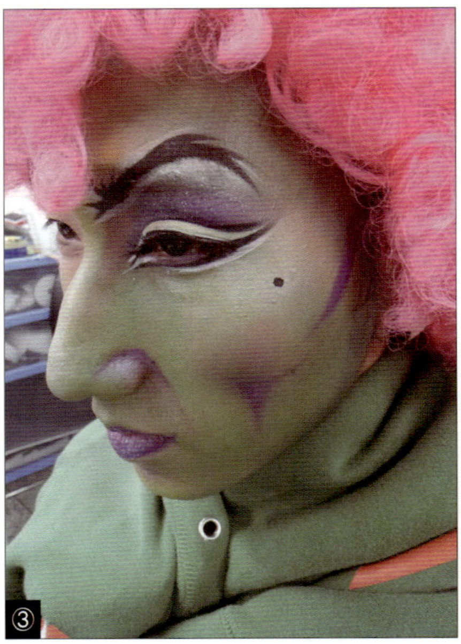
③

[연습하기]

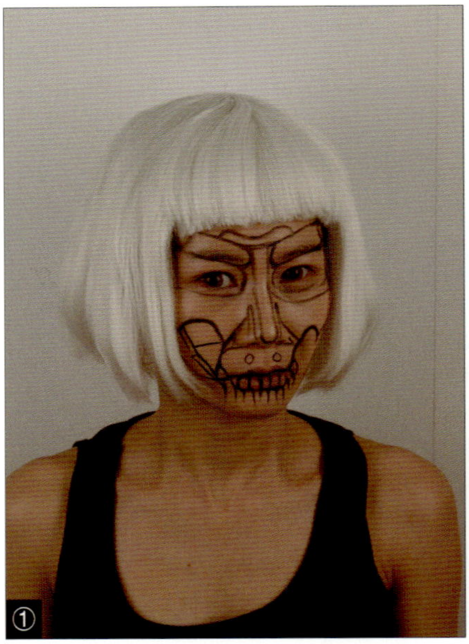
①

②

③

2) 바디아트 따라하기

① 주제선정 – 이미지맵작업

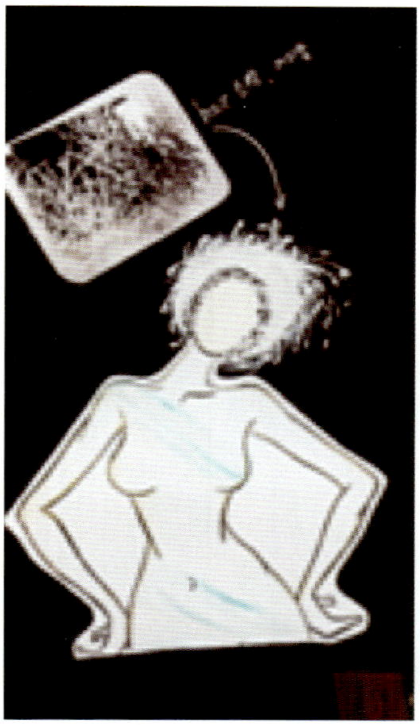

② 일러스트 작업 – 주제에 맞는 바디디자인을 일러스트화 시킨다.

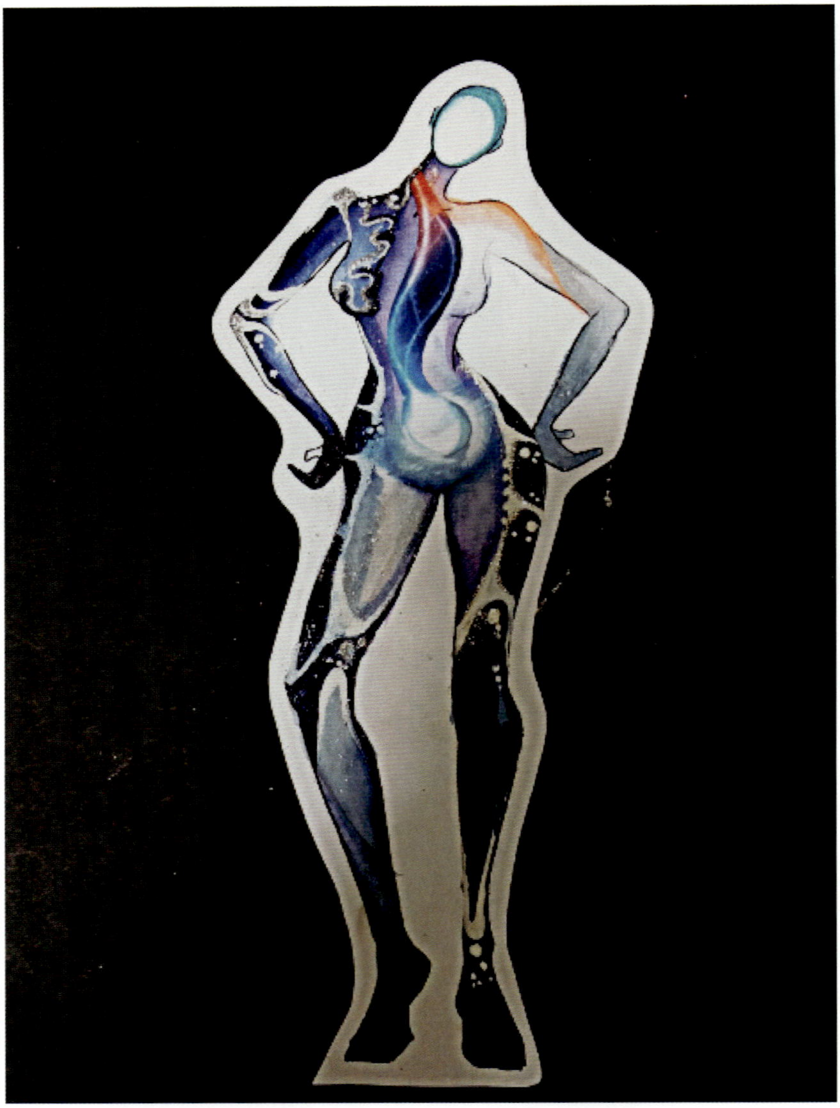

③ 바디페인팅 작업 – 일러스트의 자료를 참고하여 바디골격을 살린 페인팅을 한다.

2. 갤러리

Galler

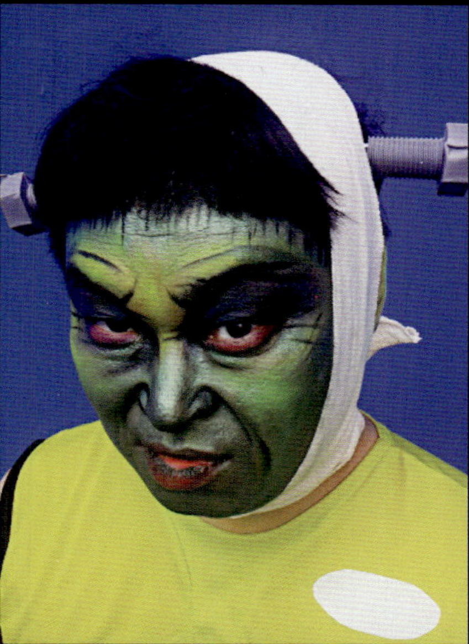

PiFan

Gallery

春

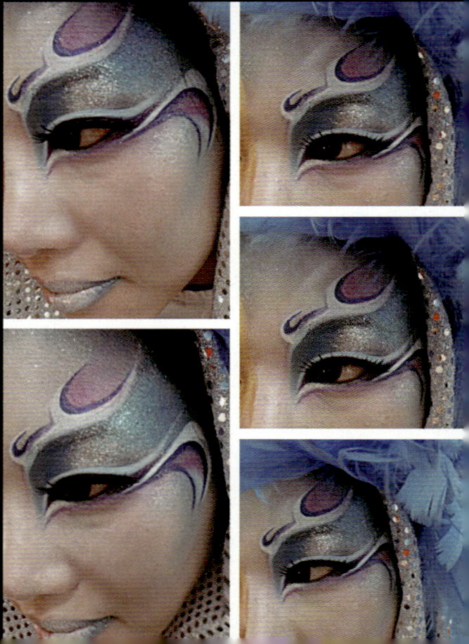

Gallery

Gallery

NO

NEW
RELEASE
CRAZYNO

Gallery

본문각주

1) 최혜민, 손에 표현된 바디아트 작품에 관하 연구, 영산대학교 미용예술대학원 석사학위 논문 p.8, 2014
최경옥, 아르누보 문양 이미지를 응용한 바디아트 연구, 성신여자대학교 대학원 박사학위논문, 2009
이유나, 시뮬라시옹 개념에 의한 바디아트와 시각적 이미지 표현에 관한 연구, 성신여자대학교 박사학위논문 p.29~30, 2010
4) 한명숙, 바디아트에 나타난 메이크업의 포스트모더니즘적 특성에 관한 연구, 대구대학교 박사학위논문, 2010
5) 전경욱 · 김영운, 재미있는 가면 이야기(세계마스크 대전도록), 1999
6) 정상원, 목포시 지역축제의 활성화 방안 목포대학교 석사학위논문, 2009
7) http://prezi.com/se0xiuqwzqrl/pressentation
8) 문정은, 바디아트의 표현적 특성과 형태연구, 한성대학교 한성대학원 석사학위논문, 2003
9) 이상봉, 존 갈리아노 패션쇼에 표현된 메이크업 연구「한국인체예술학회지」 Vol.7 No.3 p.140, 2006
10) 박경연, 지역문화축제에서 페이스페인팅 영향력에 관한 연구 : 함평나비대축제와 페이스페인팅 선호유형을 중심으로, 조선대학교 석사학위논문, 2003
11) 한석우, 입체조형, 미진사, 1994
12) 민경우, 디자인의 이해, 미진사, 2001
13) 실반바넷, 김리라 옮김, 미술품의 분석과 서술의 기초, 시공사, 2003
14) 최병상, 미술과 연구, 보성각, 1996
15) 서지원, 미술관의 미래, 현대의 예술과 미학, 미학대계, 제3권, 서울대학교출판부, 2007
16) 하정희, 2005
17) 정승희, 2000년대 패션쇼에 나타난 메이크업디자인의 이국적 이미지 연구,
경희대학교 대학원 박사학위논문, 2010
18) 민경우, 디자인의 이해, 미진사, 2001
19) 김은주, 헤어디자인의 조형성에 관한 연구, 중앙대학교 예술대학원 석사학위논문, 2011
20) 강희경, 20세기 전쟁화에 나타난 색채심리에 관한 연구, 전북대학교 대학원 석사학위논문, 2005
21) 노화영, 표현요소접근을 통한 조형적 활동 신장방안 연구, 대구교육대학교 석사학위논문, 2009
22) 김인권 역, 조형 형태론, 미진사, 1986
23) 정시화, 조형이론 강해, 강의질(미간행)
24) 야페 아니엘라, 미술과 상징, 열화당, 1979
25) 백준기, 자연과 예술「전주대학교 대학원 논문집」제16집, 전주대학교 교육대학원 출판위원회, 1980

참고자료

- https://fascinatingfacesfacepainting.wordpress.com/tag/body-art/
- http://bizion.mk.co.kr/bbs/board.php?bo_table=startup&wr_id=371
- https://s-media-cache-ak0.pinimg.com/originals/94/c3/e1/94c3e106c5c0efd6fcc31b19a241d3fb.jpg
- http://blog.daum.net/_blog/BlogTypeView.do?blogid=052a9&articleno=15095606
- http://www.psychicmindgfx.com/resources/vectors/curve-vector/
- http://imgkid.com/art-nouveau-floral-wallpaper.shtml
- http://www.dreamstime.com/free-photos
- http://art.and.facts.site.free.fr/Site/3principalestendancesetecoles/31lanonfiguration/311l esdifferentsmouvments/3117fauvisme800x600.html
- http://morguefile.com/
- http://www.playwares.com/xe/35292210
- http://www.nocutnews.co.kr/news/1106579
- http://wooka02.blogspot.kr/
- http://planight.com/archives/3788
- http://www.kyeonggi.com/news/articleView.html?idxno=622295
- http://cyber-fox.tistory.com/?page=65
- http://www.australiatips.net/
- http://www.hotfrog.com.au/Companies/The-Face-Painting-Company-Brisbane
- http://www.etoday.co.kr/news/section/newsview.php?idxno=647290
- http://www.etoday.co.kr/news/section/newsview.php?idxno=1010292
- http://cyber-fox.tistory.com/?page=65
- http://m.blog.daum.net/_blog/_m/articleView.do?blogid=05AOo&articleno=15716615#
- http://hosannafood.tistory.com/21
- http://blog.daum.net/sfmakeup/12053699
- http://egloos.zum.com/klover5/v/3102118
- http://m.blog.daum.net/jjyeony/118#
- http://sports.donga.com/3/02/20131124/59096845/2
- http://pop-place.tistory.com/11
- http://blog.daum.net/_blog/BlogTypeView.do?blogid=0D49S&articleno=17363387
- http://m.blog.daum.net/shindanju/258#
- http://m.blog.daum.net/_blog/_m/articleView.do?blogid=0ac2J&articleno=462&maxNo=462&minNo=217&maxDt=20130213174840&minDt=20120709162845&maxListNo=0&minListNo=0&maxListDt=&minListDt=&currentPage=1&beforePage=1&categoryId=1#
- http://blog.daum.net/kmedichi/112

MEMO

MEMO

MEMO

MEMO

부록. 일러스트레이션

illustration

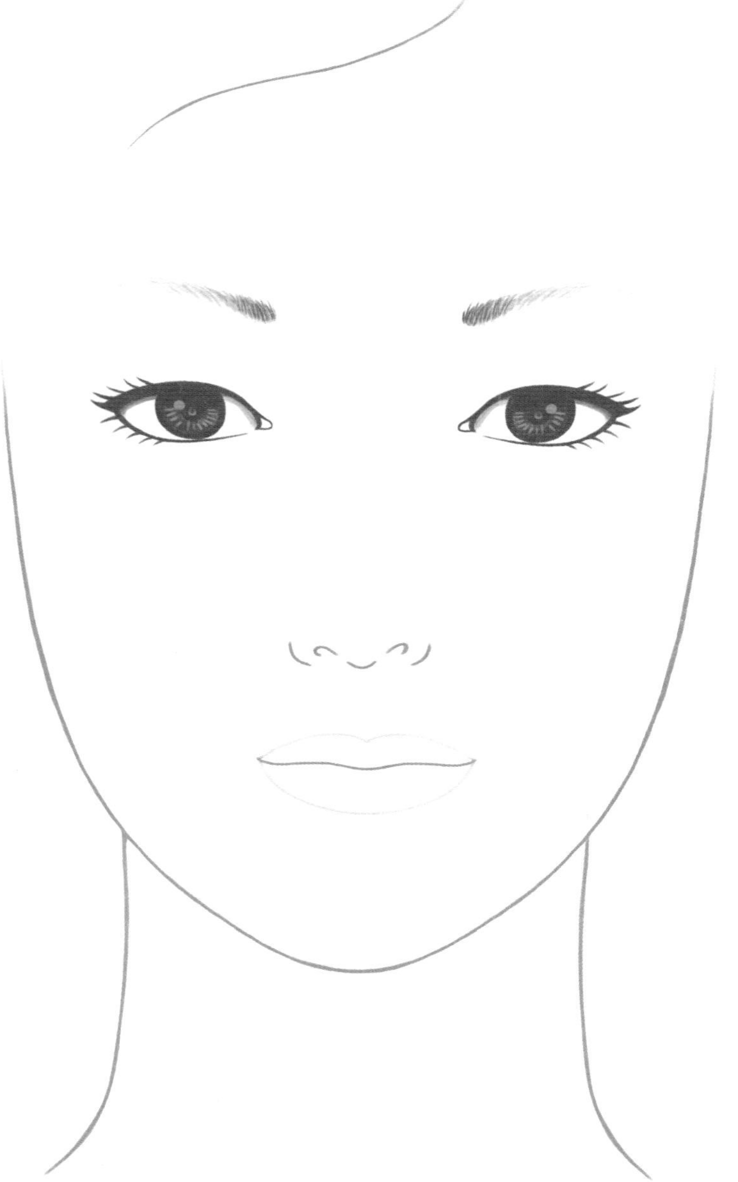

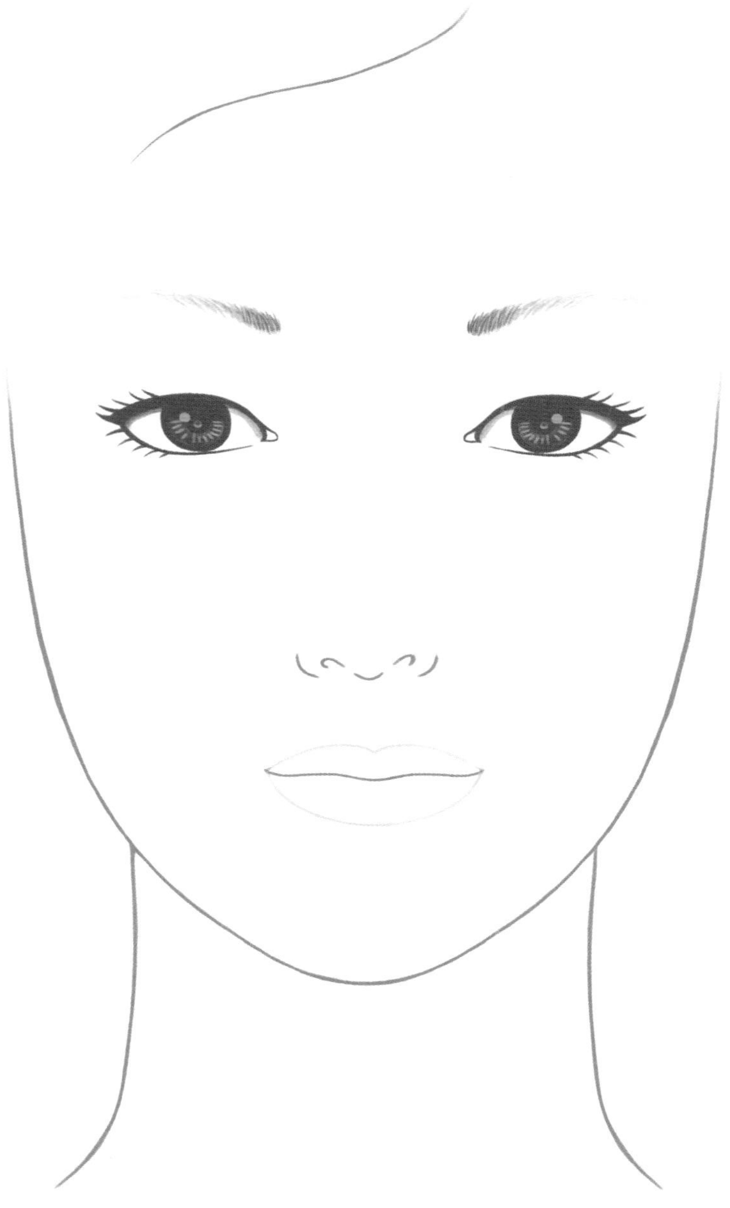

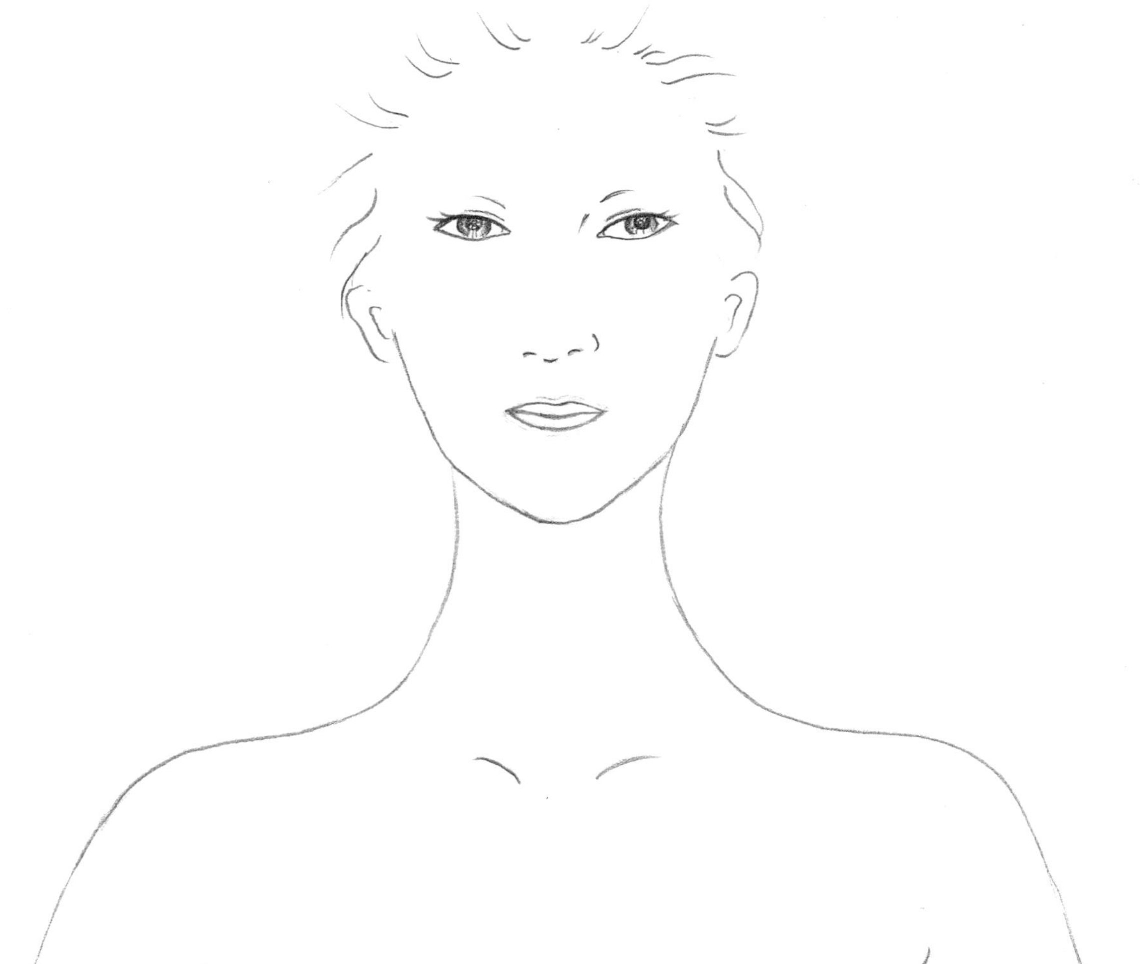

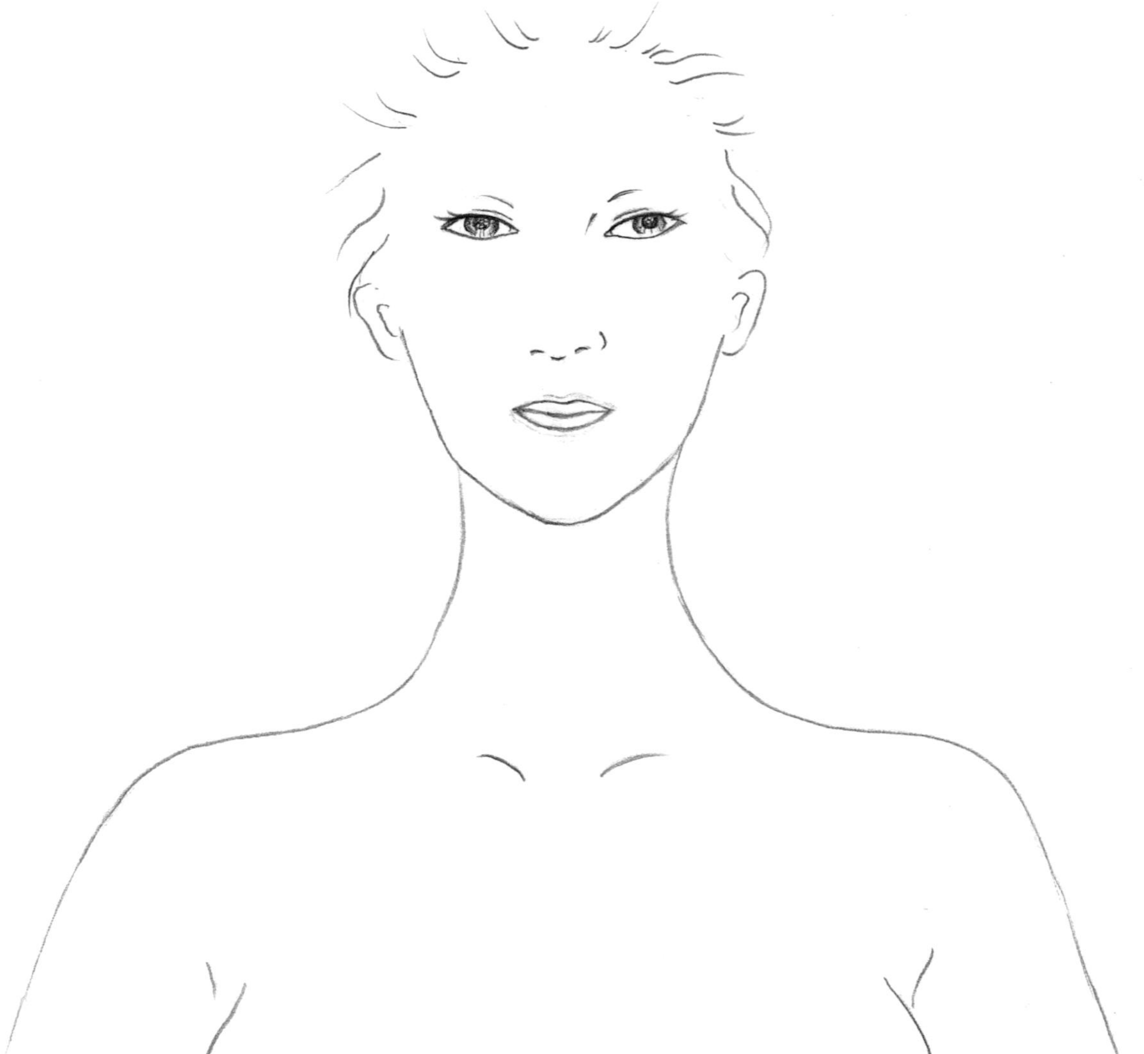

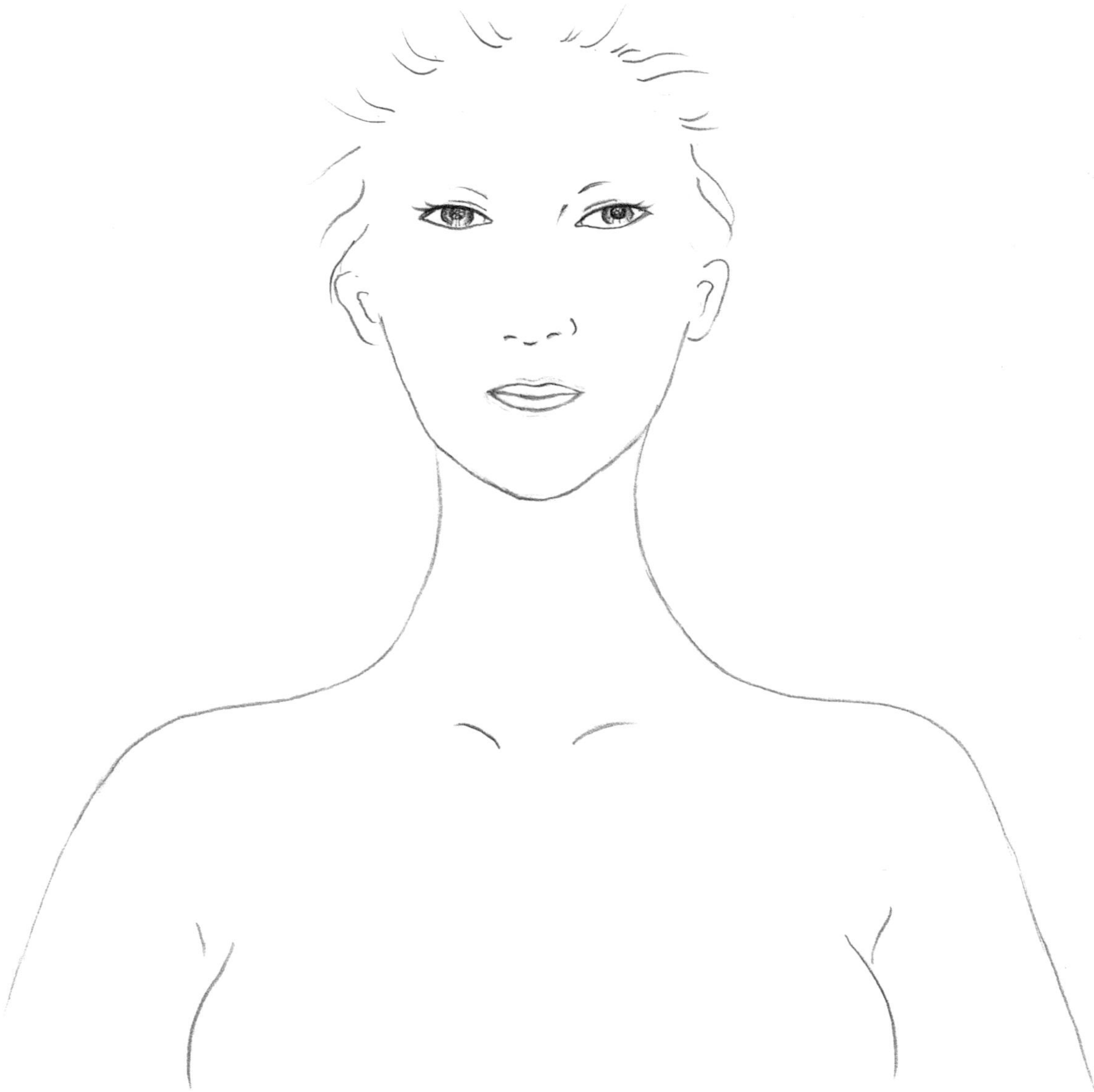

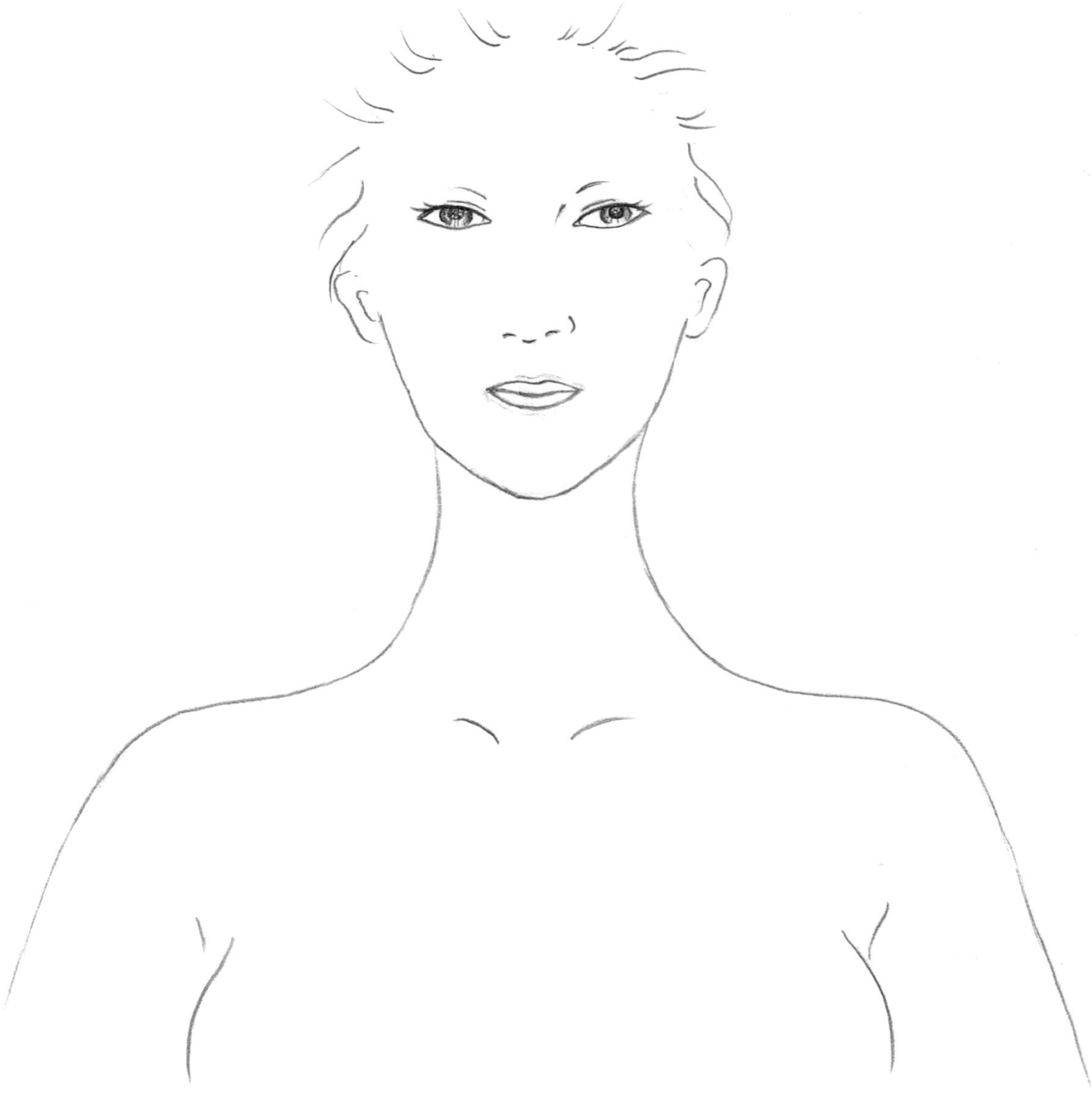

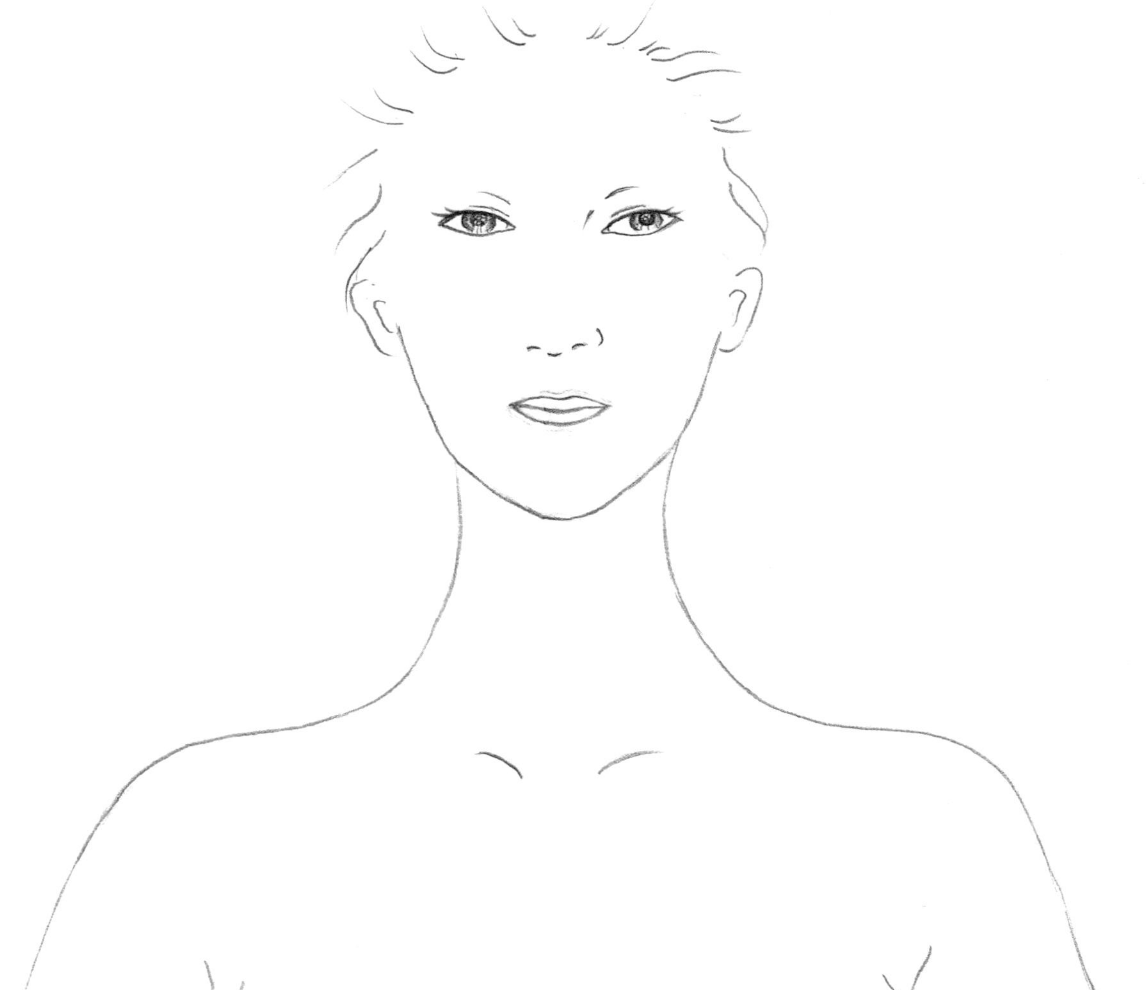

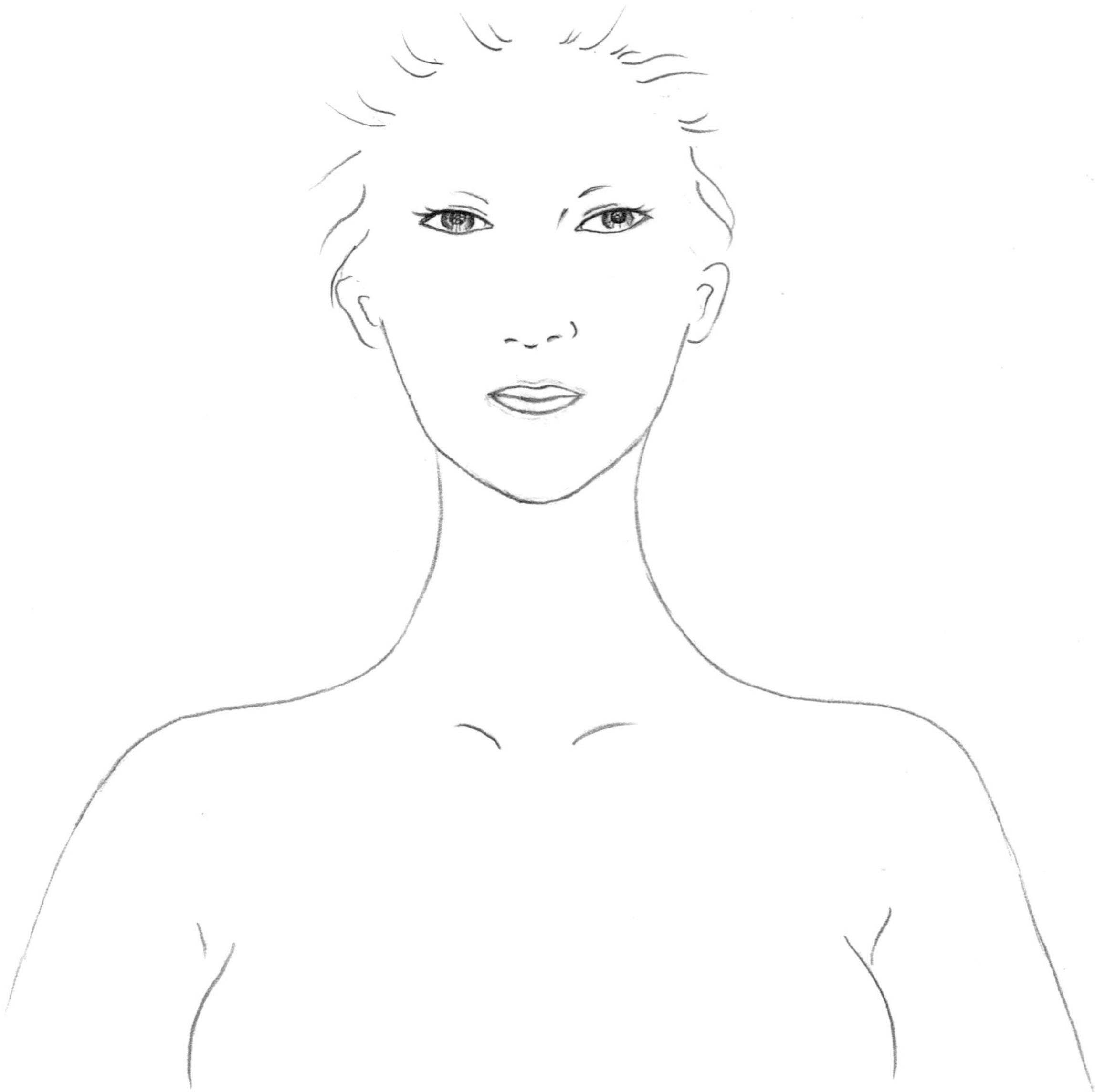

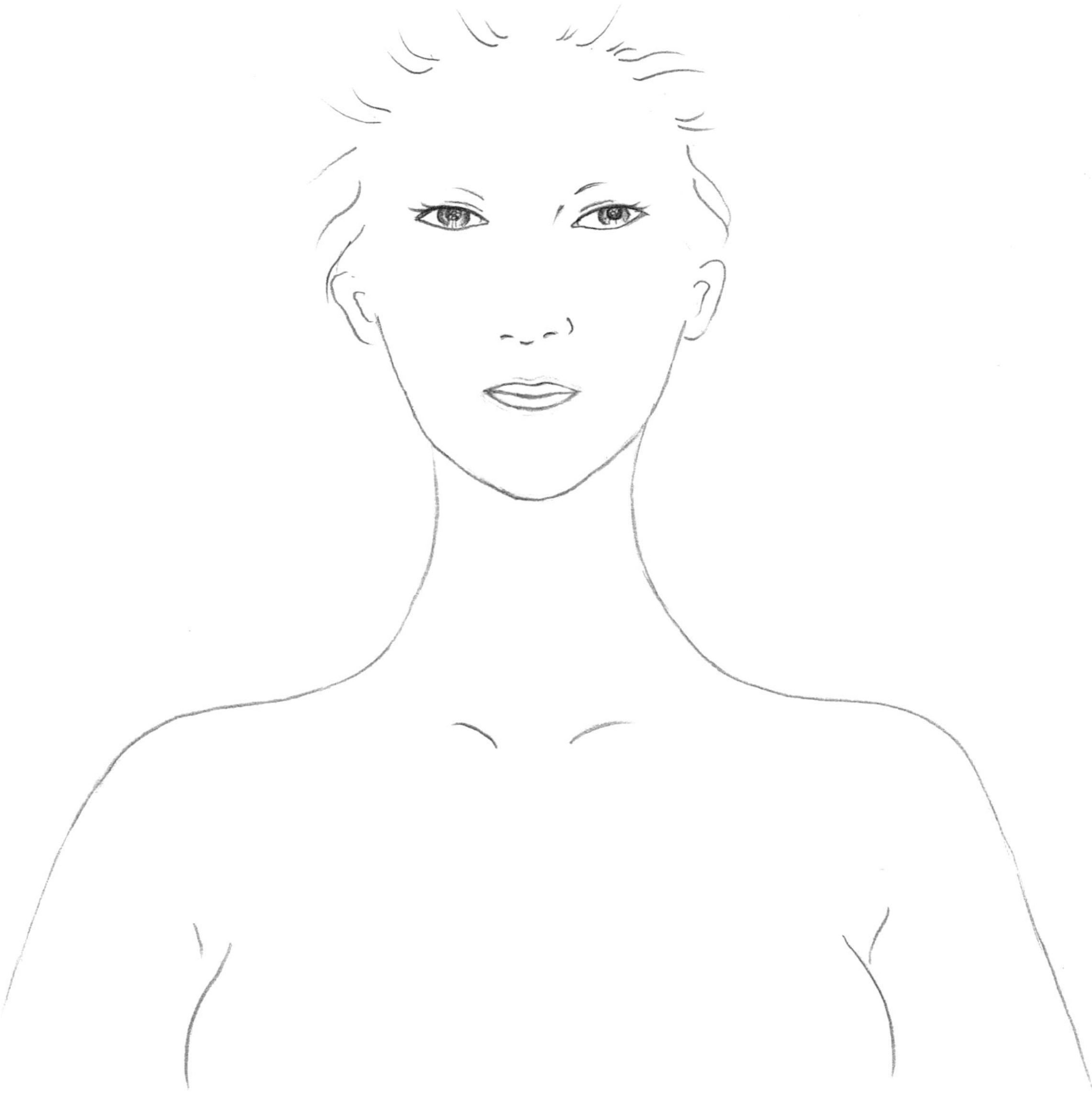

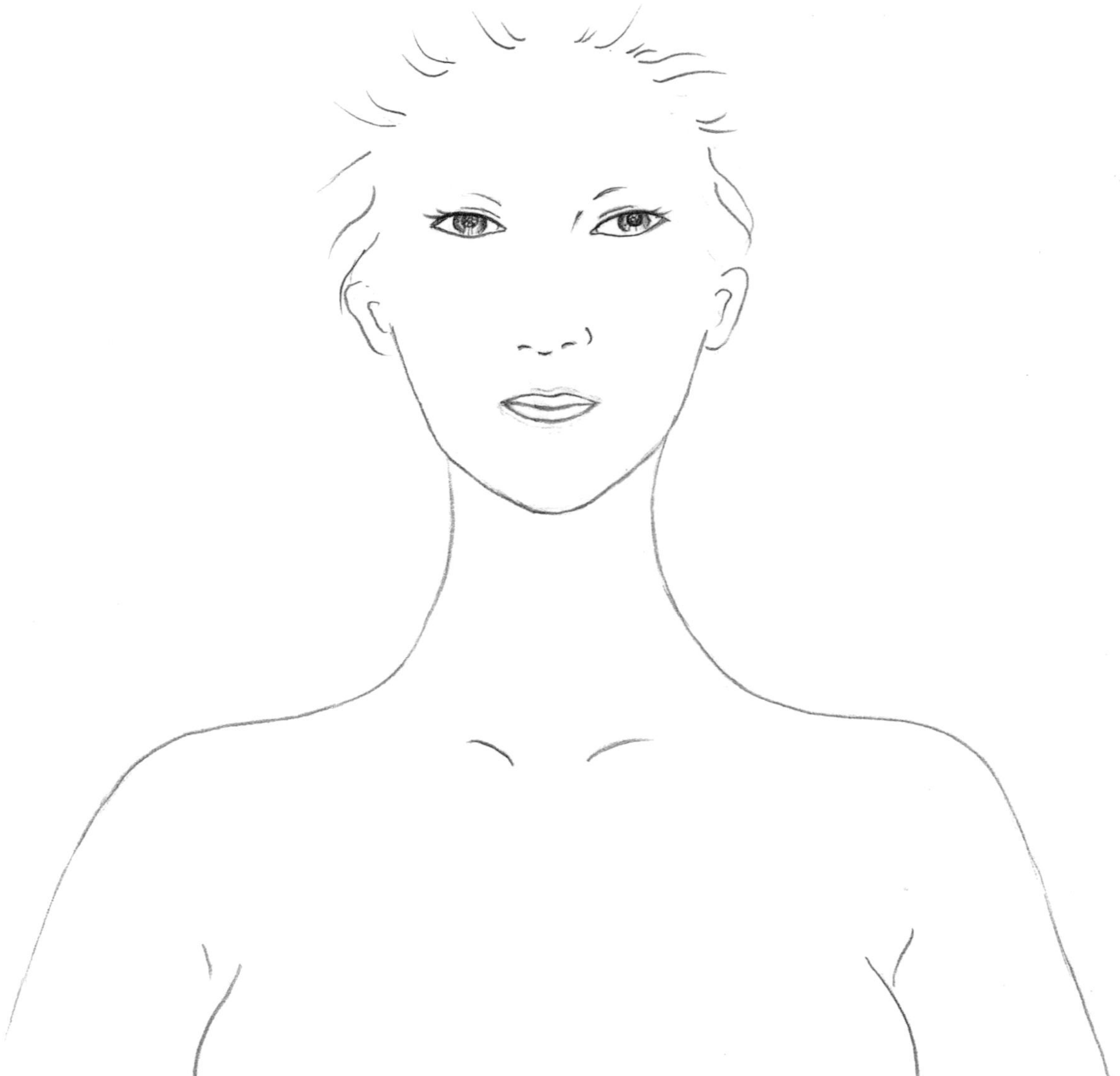

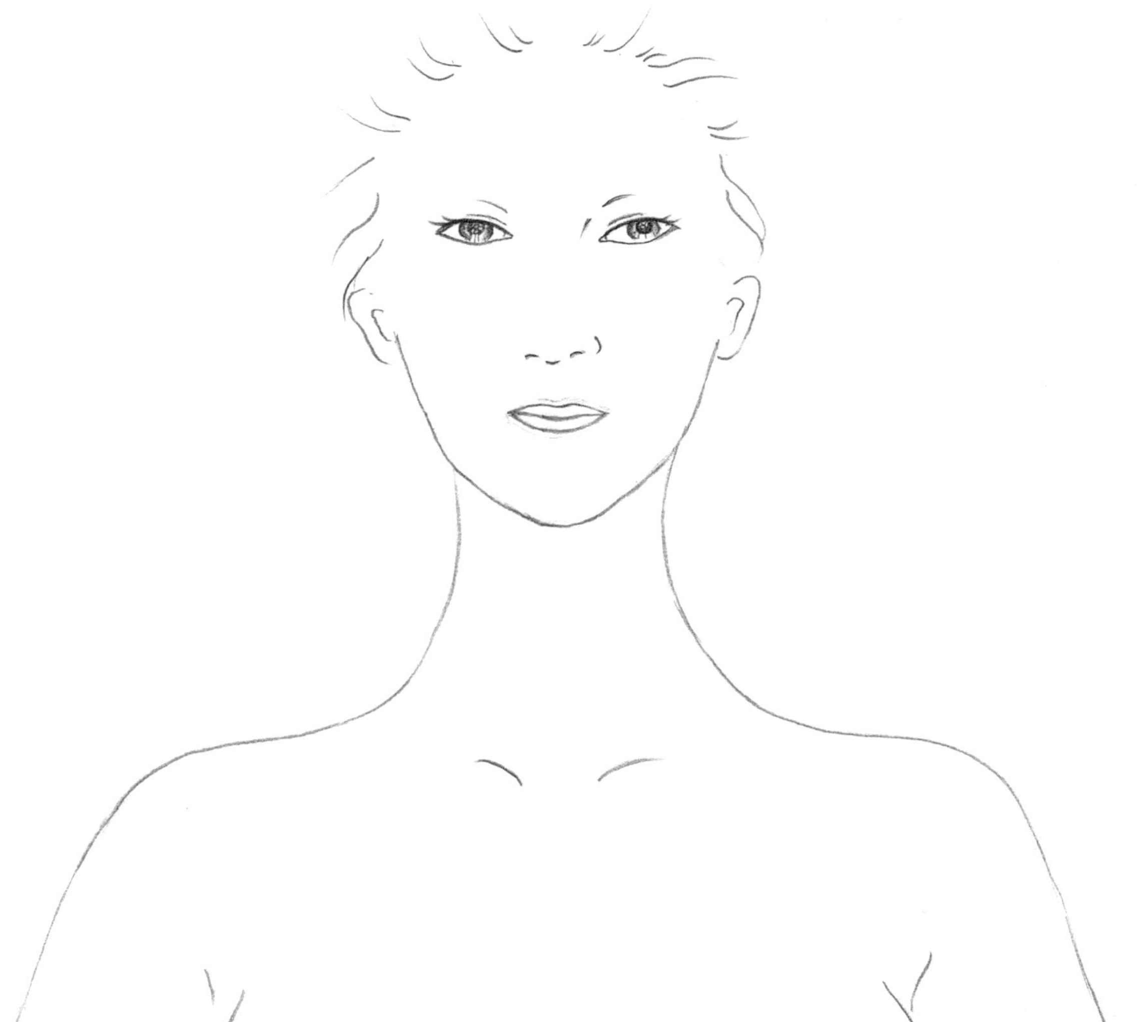

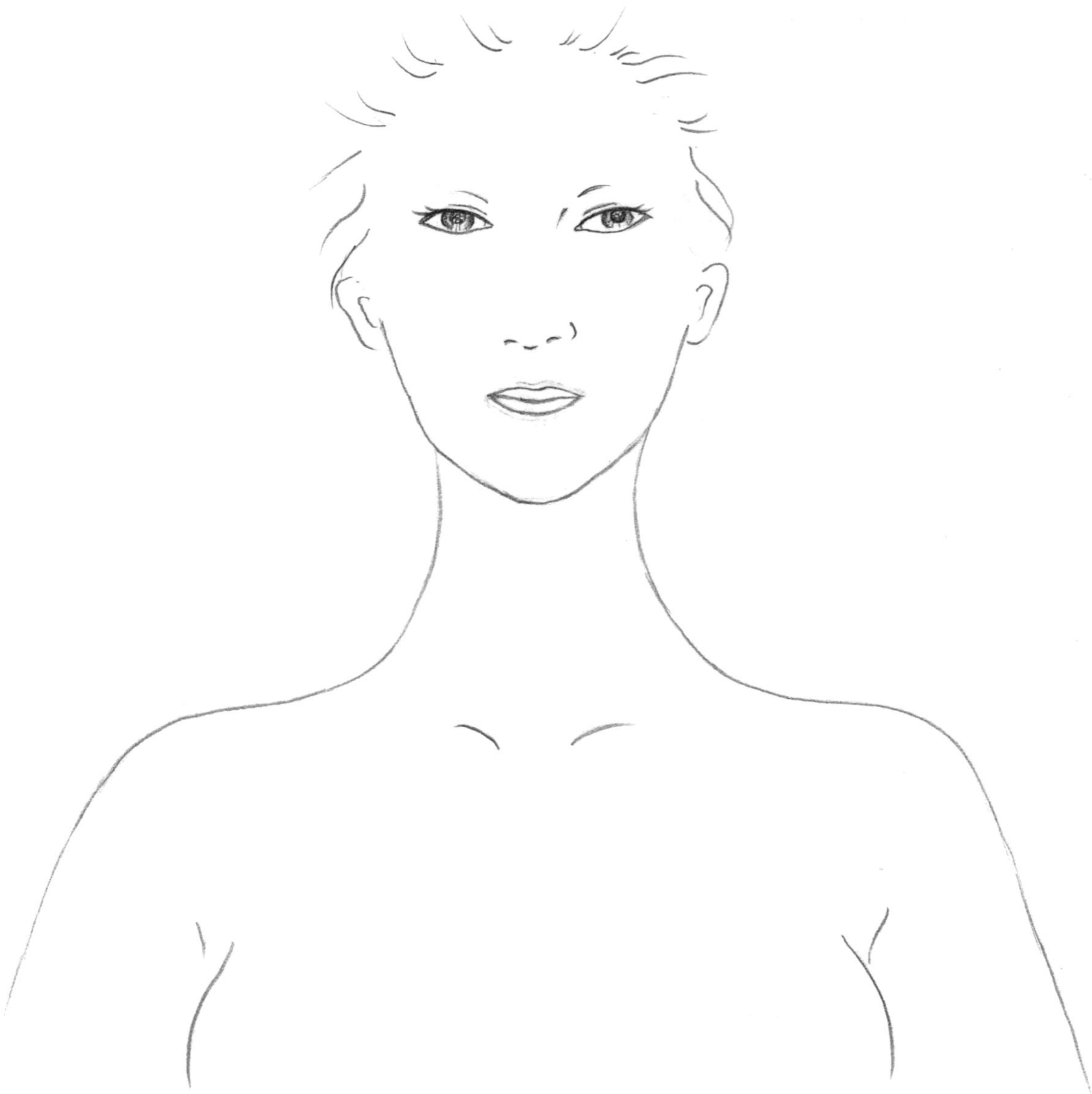

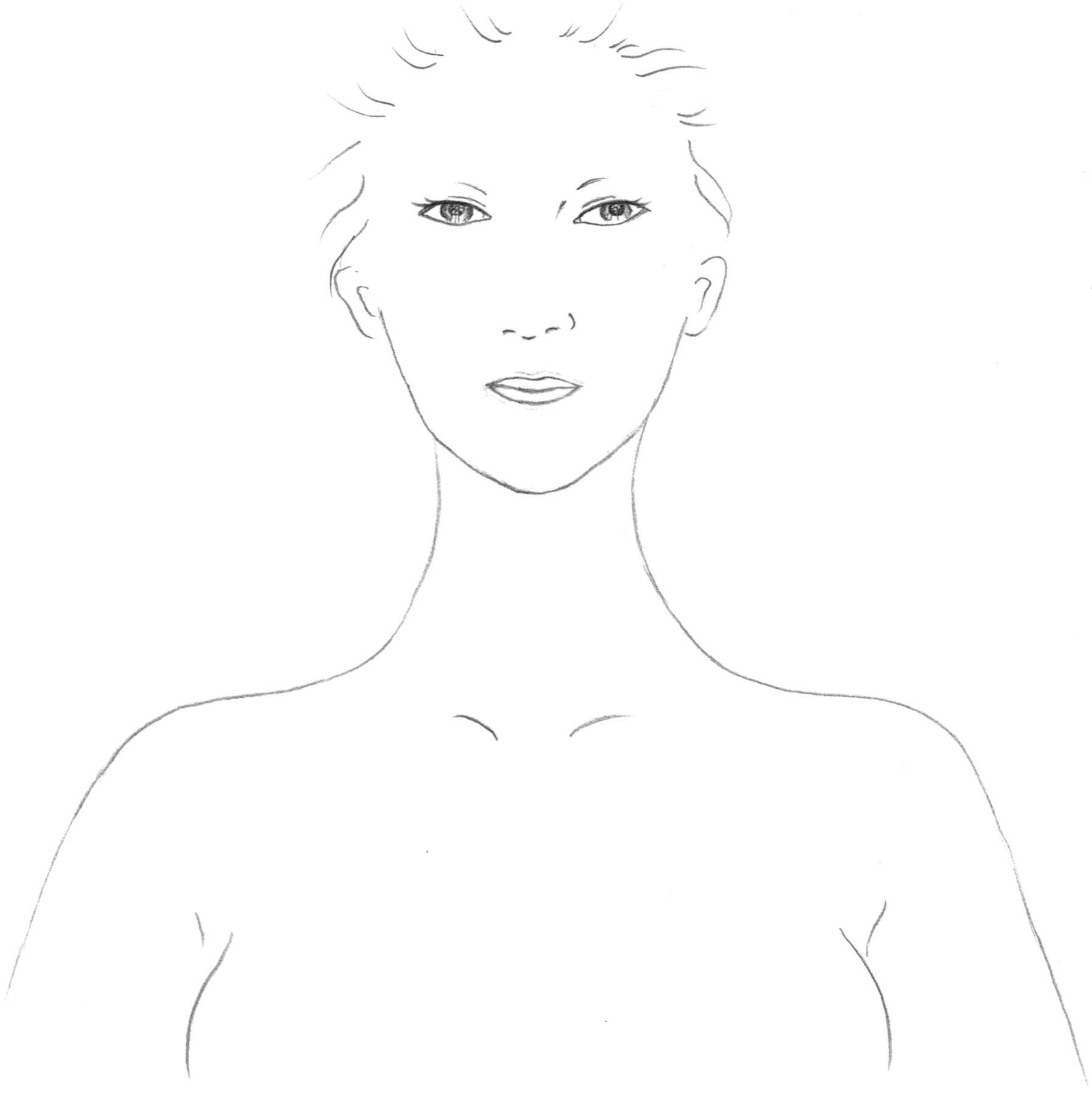

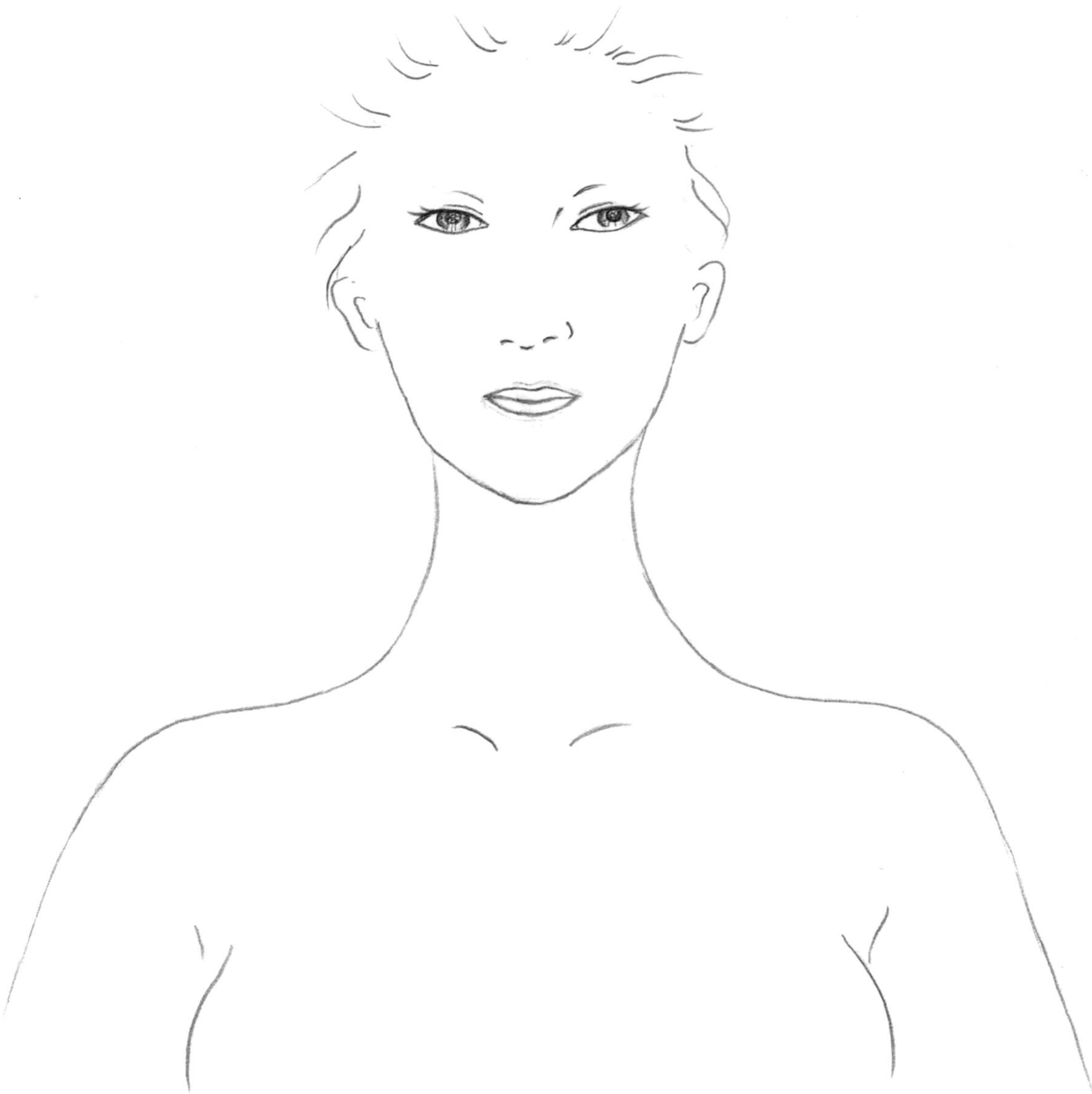

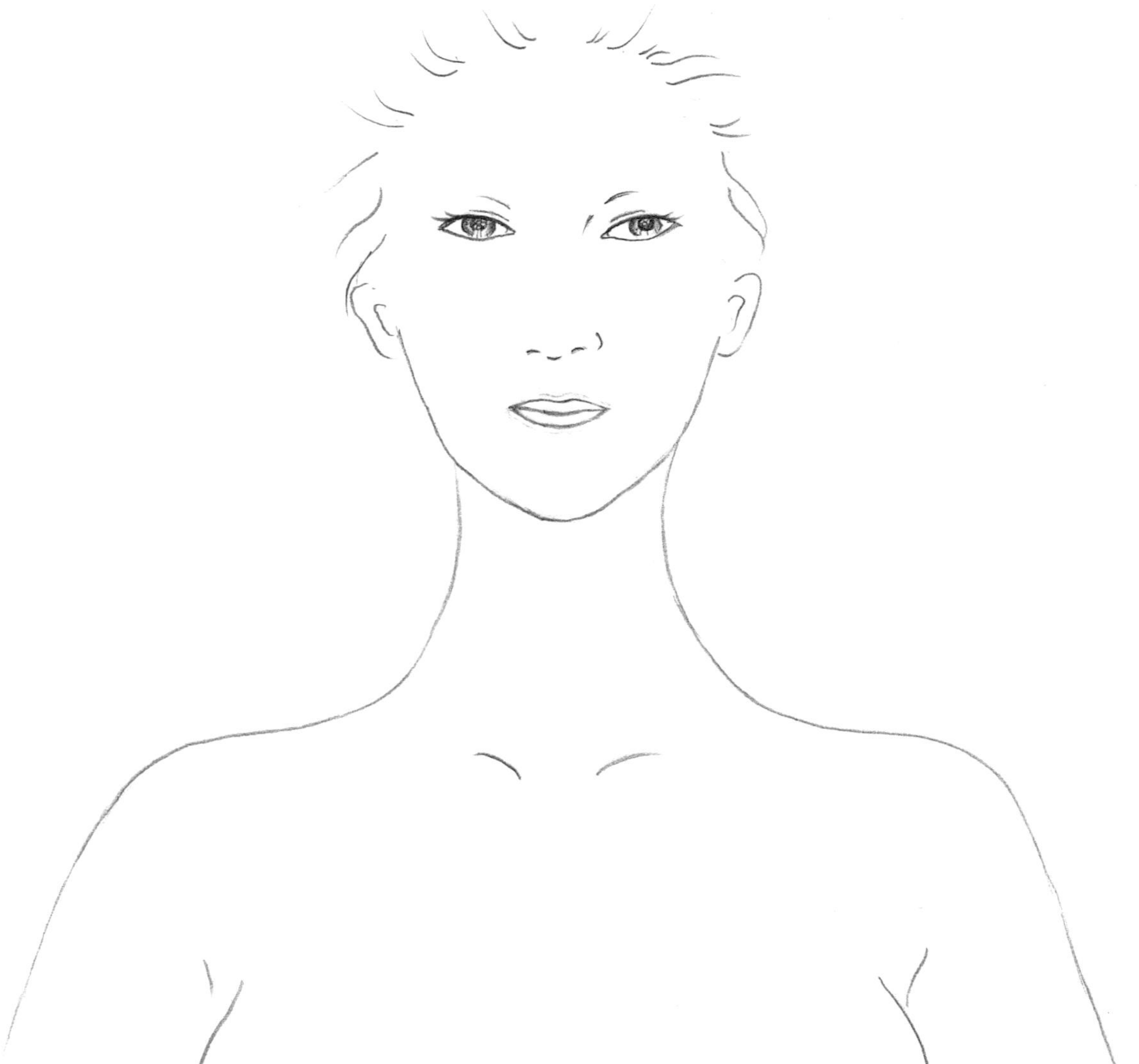

Face Art

초판 인쇄 | 2015년 4월 10일
초판 발행 | 2015년 4월 17일

지은이 | 박미정 · 박유경 · 서은혜 · 송서현 · 오수나
발행인 | 조규백
발행처 | 도서출판 구민사
(150-034) 서울특별시 영등포구 문래로 187, 604
(영등포동4가 동서빌딩)

전화 | 02.701.7421~2
팩스 | 02.3273.9642
홈페이지 | www.kuhminsa.co.kr

등록 | 제14-29호 (1980년 2월 4일)
ISBN | 979-11-5813-014-5 [13590]

값 17,000원